Anciens Établissements PATHÉ Frères

COMPAGNIE GÉNÉRALE

DES

CINÉMATOGRAPHES

8784

PHONOGRAPHES

ET

PELLICULES

98, rue Richelieu + 26, boulevard des Italiens

PARIS

RÉPERTOIRE

DES

Cylindres enregistrés

ANNÉE 1898

COMPAGNIE GÉNÉRALE

DE

CINÉMATOGRAPHES

PHONOGRAPHES

ET PELLICULES

Société anonyme au capital de **UN MILLION** *de francs*

SIÈGE SOCIAL : | SUCCURSALE :

98, rue Richelieu, PARIS | 26, Boulevard des Italiens

Ateliers à **VINCENNES** — Usine à **CHATOU**

MANUFACTURE DE

GRAPHOPHONES, PHONOGRAPHES

ET CYLINDRES

ANCIENS ÉTABLISSEMENTS

PATHÉ FRÈRES

RÉPERTOIRE

DES

CYLINDRES ENREGISTRÉS

ANNÉE 1898

Paris. — Imp. E. PIGELET, boulevard Voltaire, 189-191

OBSERVATIONS IMPORTANTES

Ce nouveau répertoire, plus complet que tous ceux parus, comprend plus de 3.000 morceaux différents.

Pour ne pas confondre avec l'ancien numérotage, nous prions nos clients de bien vouloir faire précéder de la lettre N (*voulant dire NOUVEAU Catalogue*), les numéros qu'ils nous indiqueront dans leurs commandes et ajouter quelques numéros complémentaires pour remplacer les cylindres qui pourraient manquer momentanément.

Un exemplaire de ce nouveau catalogue a été déposé **AUX PRUD'HOMMES** (*Tribunal de Commerce*) pour garantir l'ensemble de sa disposition et les détails des figures contre toute imitation.

Les **REPRODUCTIONS** du *texte* ou des *figures*, même *partiellement*, **SERONT POURSUIVIES** selon la loi

Marque de Fabrique déposée

AVIS IMPORTANTS

Nos cylindres enregistrés s'adaptent à tous les systèmes de Phonographes, Graphophones ou autres machines parlantes qui permettent d'enregistrer soi-même

Nos Cylindres sont universellement reconnus comme supérieurs

Nos Cylindres sont enregistrés par des Phonographes perfectionnés et spéciaux avec les meilleurs artistes connus.

Notre Maison est la seule ayant toujours en magasin plus de cent mille cylindres enregistrés.

Nous avons apporté, dans notre fabrication de cylindres vierges, les plus grands perfectionnements.

Éviter de prendre les cylindres **à pleines mains** pour ne pas **détériorer** l'inscription. Les manœuvrer en mettant deux **doigts** à l'intérieur, comme l'indique la figure ci-dessous.

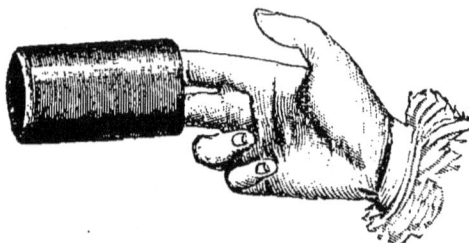

ATELIERS A VINCENNES

USINE à CHATOU

La plus importante Fabrication d'Europe

COMMISSION — EXPORTATION

TABLE DES MATIÈRES

ORCHESTRES

MUSIQUE DE DANSE

PRIX DES CYLINDRES

FIG. 100.

CYLINDRES (DIMENSION COURANTE)

Longueur approximative : 107 millimètres, allant sur les appareils grands et petits.

Cylindres vierges, ne contenant aucune inscription, *la pièce*... **1.50**

Cylindres enregistrés, contenant paroles, chants, orchestres, etc., *la pièce*............................ **3.50**

Réduction de 10 % par commande de 10 pièces.
Réduction de 15 % par commande de 20 pièces.

VENTE EN GROS DE CYLINDRES VIERGES

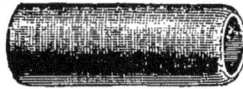

FIG. 105.

CYLINDRES LONGS

Longueur approximative : 150 millimètres, allant seulement sur les appareils nos 80 et 90.

Longs Cylindres vierges, pour Graphophones nos 80 et 90 (*Voir le Tarif-Album*)................ *La pièce* **3 fr.**

Longs Cylindres enregistrés, pour Graphophones nos 80 et 90 (*Voir le Tarif-Album*).......... *La pièce* **6 fr.**

Réduction de 10 % par commande de 10 pièces.
Réduction de 15 % par commande de 20 pièces.

RABOTAGE DES CYLINDRES

Cylindres (Dimension courante)........... *La pièce* **0,20**
Cylindres longs.......................... — **0,25**
Réenregistrement des cylindres (dimensions courantes). *La pièce*... **2 fr.**
Réenregistrement des cylindres longs........ *La pièce* **3,50**

Demander le Catalogue spécial des 3000 cylindres enregistrés.

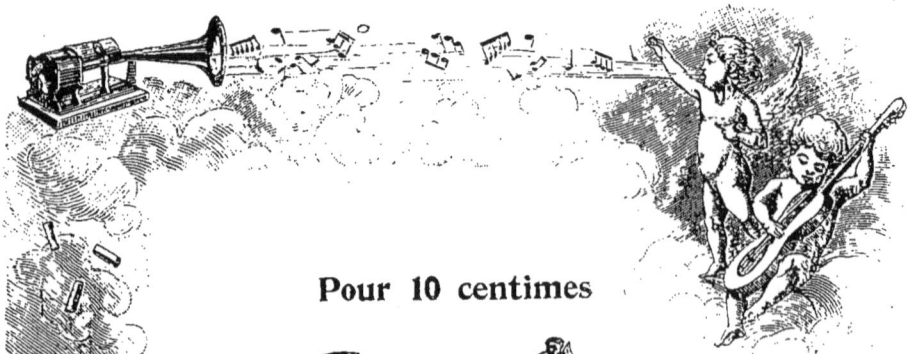

Pour 10 centimes

C'est délicieux !

COMPAGNIE GÉNÉRALE

de Cinématographes

PHONOGRAPHES

et Pellicules

98, Rue de Richelieu, 98
PARIS

OPÉRAS (Chants)

— 7 —

Opéras (Chants)

(SUITE)

Opéras (Chants)

(SUITE)

N°⁸

FAUST (GOUNOD) (*Suite*)

57. Laisse-moi contempler ton visage.
58. Vous qui faites l'endormie.
59. Ballade du roi de Thulé.
60. Ange pur.
61. A moi les plaisirs.
62. Faites-lui mes aveux.
63. Mon cœur est pénétré.
64. Ah ! je ris de me voir si belle.
65. Mort de Valentin.
66. Hymne à la nuit.

LA FAVORITE (DONIZETTI)

72. Redoutez la fureur.
73. O mon Fernand !
74. Ange si pur.
75. Jardins de l'Alcazar.
76. Pour tant d'amour.
77. Un ange, une femme inconnue.

FERNAND CORTEZ (SPONTINI)

82. O patrie ! ô lieux pleins de charmes !

LE FLIBUSTIER (CÉSAR CUI)

84. Des fleuves, oui, je sais.
85. Quoique fasse la vague.

LA FLUTE ENCHANTÉE (MOZART)

87. Air du grand-prêtre.
88. Air du ténor.

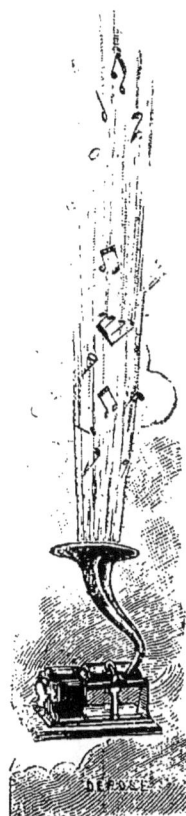

— 9 —

Opéras (Chants)

(SUITE)

N.

FRANÇOISE DE RIMINI (A. Thomas)

89. J'espère, je vous aime.

GUIDO & GINEVRA (Halévy)

91. Quand renaîtra la pâle aurore.

GUILLAUME TELL (Rossini)

93. Asile héréditaire.
94. Barcarolle : Accours dans ma nacelle.
95. Sois immobile.

GWENDOLINE (E. Chabrier)

97. Je vis dans la tempête amère.

HAMLET (A. Thomas)

99. O vin ! dissipe la tristesse.
100. C'est en vain que j'ai cru.
101. Spectre infernal.
102. Comme une pâle fleur.
103. Sa main depuis hier.
104. Pour mon pays.
105. Être ou ne pas être.

HENRI VIII (Saint-Saëns)

108. Qui donc commande quand il aime?

ERNANI (Verdi)

110. Air du baryton : Grand Dieu !
111. Air de la basse.

Opéras (Chants)
(SUITE)

N°ˢ

HÉRODIADE (MASSENET)
114. Vision fugitive.
115. Air de Jean.

LES HUGUENOTS (MEYERBEER)
118. Bénédiction des poignards.
119. Plus blanche que la blanche hermine.
120. Pif-paf.
121. Nobles seigneurs, salut.
122. O beau pays de la Touraine!
123. Et vous qui répondez.

IPHIGÉNIE EN AULIDE (GLUCK)
125. Diane impitoyable.

JEAN DE PARIS (BOIELDIEU)
127. Qu'à mes ordres, ici tout le monde
se rende.

JÉRUSALEM (VERDI)
130. Vous priez vainement le ciel.
131. Air du ténor.

JOCELYN (B. GODARD)
133. Berceuse.

LA JOLIE FILLE DE PERTH (BIZET)
136. Quand la flamme de l'amour.
137. Partout des cris de joie.

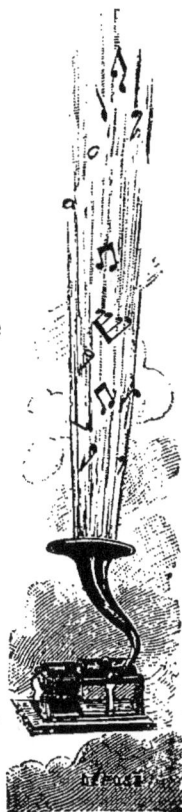

Opéras (Chants)

(SUITE)

Nᵒˢ

JOSEPH (Méhul)

138. Air : Vainement, Pharaon.
139. A peine au sortir de l'enfance.

LA JUIVE (Halévy)

141. Cavatine : Si la rigueur.
142. Malédiction : Vous qui, du Dieu vivant.
143. Prière de la Pâque.
144. Rachel, quand du Seigneur.
145. Sérénade : Loin de son amie.

LARA (Maillart)

147. Quand un Lara marchait un jour.

LUCIE DE LAMMERMOOR (Donizetti

149. Bientôt l'herbe des champs.
150. D'un amour qui me brave.

LOHENGRIN (Wagner)

154. O mon cher cygne !
155. Récit du Graal.

LES MAITRES CHANTEURS
(Wagner)

156. Couplets de Walter.
157. L'aube vermeille.

MACBETH (Verdi)

159. Le traître aux Anglais s'allie.

Opéras (Chants)

(SUITE)

N°

MARTHA (FLOTOW)

160. Lorsqu'à mes yeux.
161. Chanson du Porter.
162. Seule ici, fraîche rose.

MOÏSE (ROSSINI)

165. Prière.

LA MUETTE DE PORTICI (AUBER)

168. Cavatine du Sommeil.

LA NORMA (BELLINI)

170. Air du ténor.

OEDIPE A COLONNE (SACCHINI)

172. Mon fils, tu ne l'es plus.

ORPHÉE (GLUCK)

174. J'ai perdu mon Eurydice.

OTHELLO (ROSSINI)

176. Grand air : Dans le cœur d'Othello.

LE PARDON DE PLOERMEL
(MEYERBEER)

178. Air du Chasseur.
179. Ah ! mon remords te venge.
180. O ! puissante magie.
181. Chant du Faucheur : Les blés sont
bons à faucher.

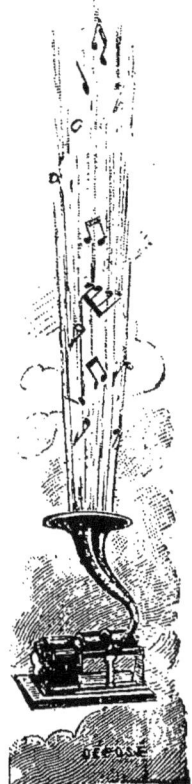

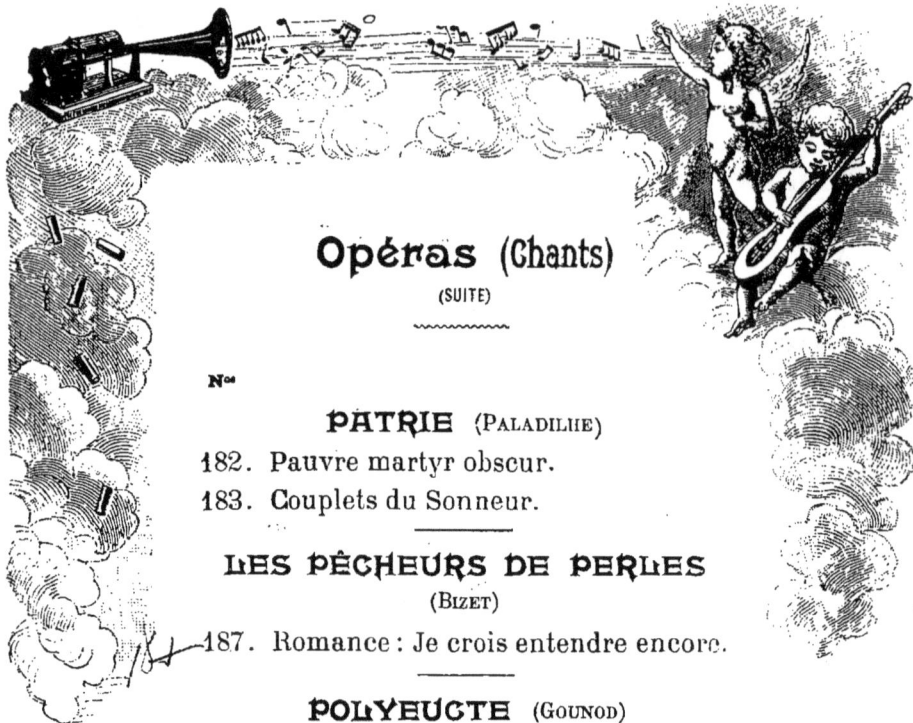

Opéras (Chants)

(SUITE)

Opéras (Chants)
(SUITE)

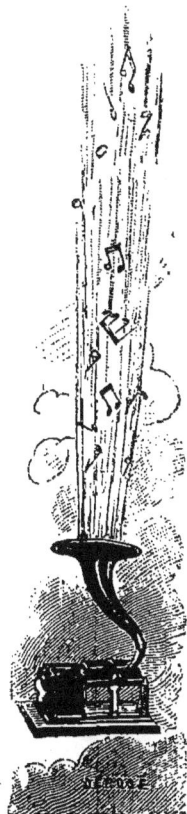

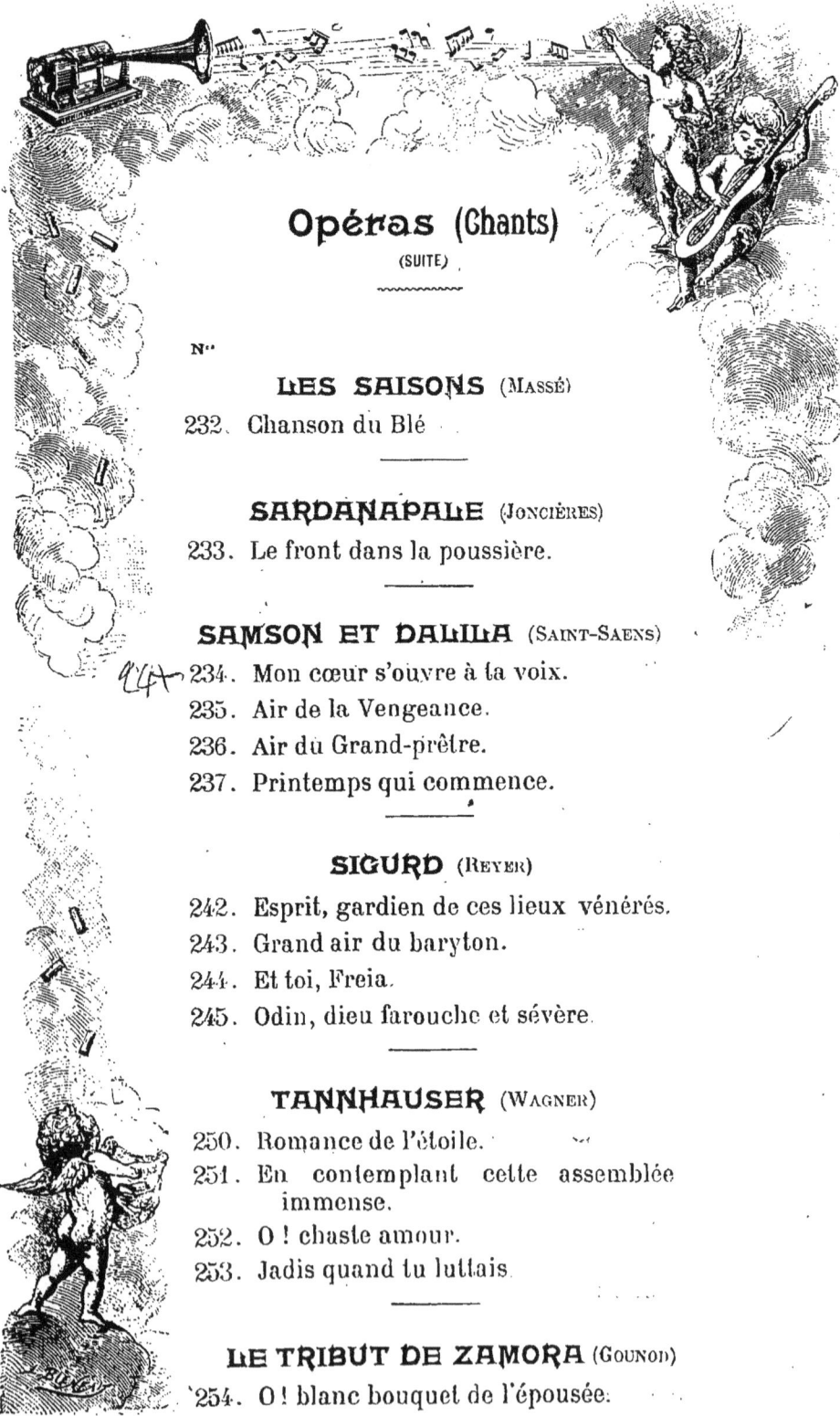

Opéras (Chants)

(SUITE)

Nᵒˢ

LES SAISONS (Massé)
232. Chanson du Blé

SARDANAPALE (Joncières)
233. Le front dans la poussière.

SAMSON ET DALILA (Saint-Saens)
234. Mon cœur s'ouvre à ta voix.
235. Air de la Vengeance.
236. Air du Grand-prêtre.
237. Printemps qui commence.

SIGURD (Reyer)
242. Esprit, gardien de ces lieux vénérés.
243. Grand air du baryton.
244. Et toi, Freia.
245. Odin, dieu farouche et sévère.

TANNHAUSER (Wagner)
250. Romance de l'étoile.
251. En contemplant cette assemblée immense.
252. O ! chaste amour.
253. Jadis quand tu luttais.

LE TRIBUT DE ZAMORA (Gounod)
254. O ! blanc bouquet de l'épousée.

Opéras (Chants)

(SUITE)

Nᵒˢ

LA TRAVIATA (VERDI)

255. Buvons jusqu'à la lie.
256. Non, non, loin d'elle.
257. Lorsqu'à de folles amours.

LE TROUVÈRE (VERDI)

260. Miserere.
261. Son regard, son doux sourire.
262. O ma Patrie !
263. La flamme brille.
264. Exilé sur la terre.
265. O toi ! mon seul espoir.

LE VAL D'ANDORRE (HALÉVY)

268. Voilà le sorcier.
269. Le soupçon, Thérèse.

LES VÊPRES SICILIENNES (VERDI)

272. Et toi, Palerme.
273. Au sein de la puissance.

LA WALKYRIE (WAGNER)

276. Chanson du Printemps.

ZAÏRE

278. Cavatine.

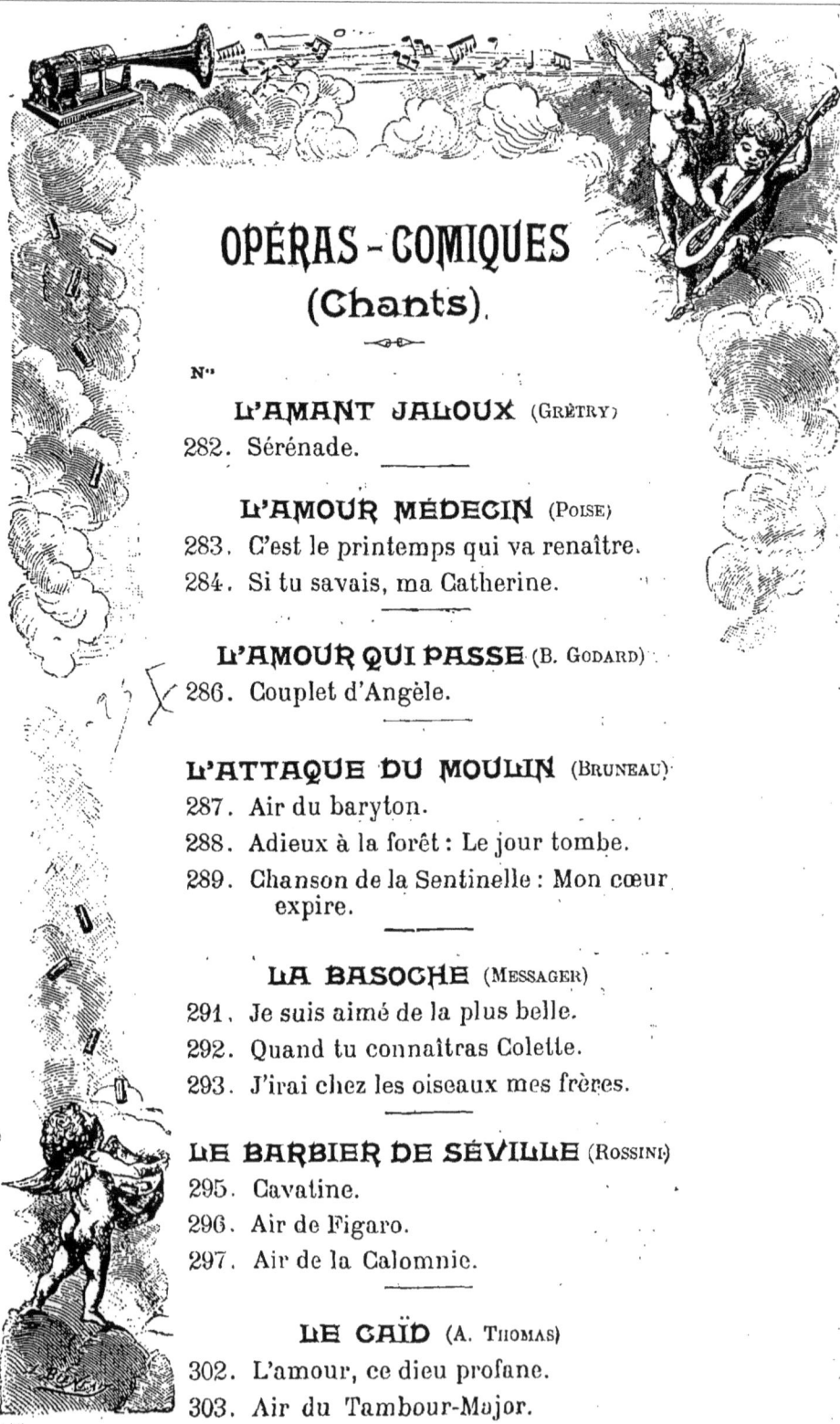

OPÉRAS - COMIQUES
(Chants).

N"

L'AMANT JALOUX (Grètry)
282. Sérénade.

L'AMOUR MÉDECIN (Poise)
283. C'est le printemps qui va renaître.
284. Si tu savais, ma Catherine.

L'AMOUR QUI PASSE (B. Godard)
286. Couplet d'Angèle.

L'ATTAQUE DU MOULIN (Bruneau)
287. Air du baryton.
288. Adieux à la forêt : Le jour tombe.
289. Chanson de la Sentinelle : Mon cœur expire.

LA BASOCHE (Messager)
291. Je suis aimé de la plus belle.
292. Quand tu connaîtras Colette.
293. J'irai chez les oiseaux mes frères.

LE BARBIER DE SÉVILLE (Rossini)
295. Cavatine.
296. Air de Figaro.
297. Air de la Calomnie.

LE CAÏD (A. Thomas)
302. L'amour, ce dieu profane.
303. Air du Tambour-Major.

Opéras-Comiques
Chants
(SUITE)

N^{os}

LE CARILLONNEUR DE BRUGES
(GRISART)

305. Sonnez, mes cloches gentilles.

CARMEN (BIZET)

306. Près des remparts de Séville.
307. Air des Cartes.
308. Toréador, en garde.
309. L'amour est enfant de Bohême.
310. La fleur que tu m'avais jetée.
311. Dragon d'Alcala.

CAVALERIA RUSTICANA (MASCAGNI)

313. Vous le savez, ma mère.
314 Refrain de Lola.
315. Sicilienne.

LE CHALET (ADAM)

317. Elle est à moi, c'est ma compagne.
318. Vallons de l'Helvétie.
319. Vive le vin, l'amour et le tabac.
320. Liberté chérie.
321. Romance du ténor : Adieu, vous que
    j'ai tant chérie.

LA CHANTEUSE VOILÉE (V. MASSÉ)

322. Romance.

LE CHEVAL DE BRONZE (AUBER)

324. Mon noble gendre.

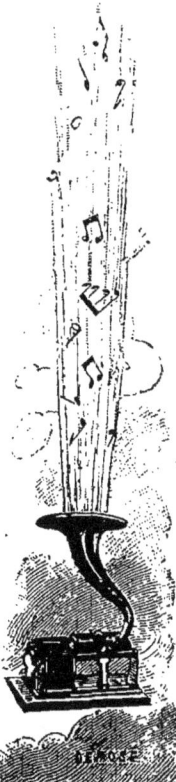

Opéras-Comiques
Chants
(SUITE)

Opéras-Comiques

Chants

(SUITE)

N.

LES DRAGONS DE VILLARS
(MAILLARD)

340. Quand le dragon a bien trotté
341. Pastorale : De ces lieux, ma voix seule.
342. Ne parle pas +
343. Chanson à boire.
344. Espoir charmant.
345. Hop, hop, mules chéries.

L'ÉCLAIR (AUBER)

348. Des rivages d'Angleterre.
349. Romance : Quand de la nuit.
350. Partons la mer est belle.
351. Du ciel, la lumière.

L'ÉTOILE DU NORD (MEYERBEER)

353. O ! jours de joie et de misère.
354. Chanson de Gritzenko.

L'ÉPREUVE VILLAGEOISE (GRÉTRY)

357. Air du baryton : Adieu Marton.

FALSTAFF (VERDI)

358. Quand j'étais page.

LE FARFADET (ADAM)

360. On dirait que tout sommeille.

LA FÉE AUX ROSES (HALÉVY)

362. Romance : Oui, chaque jour je viens l'attendre.

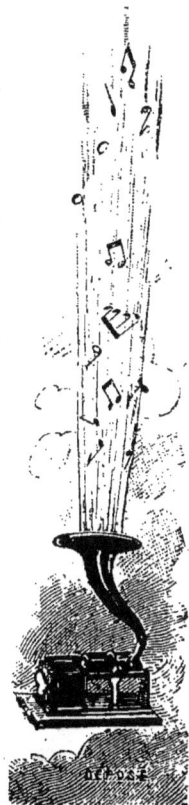

Opéras-Comiques
Chants
(SUITE)

N°°

LA FILLE DU RÉGIMENT
(DONIZETTI)

364. Pour me rapprocher de Marie.
365. Ah! mes amis, quel jour de fête.

FRA DIAVOLO (AUBER)

367. Couplet : Voyez sur cette roche.
368. Agnès la Jouvencelle.
369. Air de Fra Diavolo : J'ai revu mes amis.
370. Romance : Pour toujours, disait-elle.

GALATHÉE (V. MASSÉ)

371. Toutes les femmes.
372. Tristes amours.
373. Air de la Coupe.
374. Ah ! qu'il est doux de ne rien faire.
375. O Vénus.

GIRALDA (ADAM)

377. Ange des cieux.
378. Que saint Jacques.

HAYDÉE (AUBER)

380. Couplet : Il dit : qu'à sa noble patrie.
381. Glisse, glisse ma gondole.
382. Ah! que la nuit est belle.
383. Romance : A la voix séduisante.

Opéras-Comiques
Chants
(SUITE)

N^{os}

LE PREMIER JOUR DE BONHEUR
(AUBER)
385. Romance.

JEAN DE NIVELLE (Léo DELIBES)
386. Je vais où le hasard.
387. Tant que le jour dure.

JOCONDE (NICOLO)
388. J'ai longtemps parcouru le monde.
389. Romance : Dans un délire extrême.

LALLA ROUKH (DAVID)
390. Ah! funeste ambassade.
391. Lorsque l'étoile du ciel sans voile.
392. De près ou de loin.
393. Romance. Ma maîtresse a qutité la tente.
394. Barcarolle. O ma maîtresse.

LAKMÉ (Léo DELIBES)
395. Air de Gérald : Prendre le dessin d'un bijou.
396. Cantilène : Ah! viens dans la forêt profonde.
397. Stances.

LE MAITRE DE CHAPELLE (PAER)
399. Ah! quel bonheur de pressentir sa gloire.

MAITRE PATHELIN (BAZIN)
401. Je pense à vous quand je m'éveille.

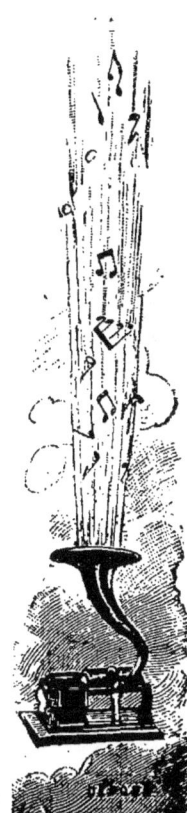

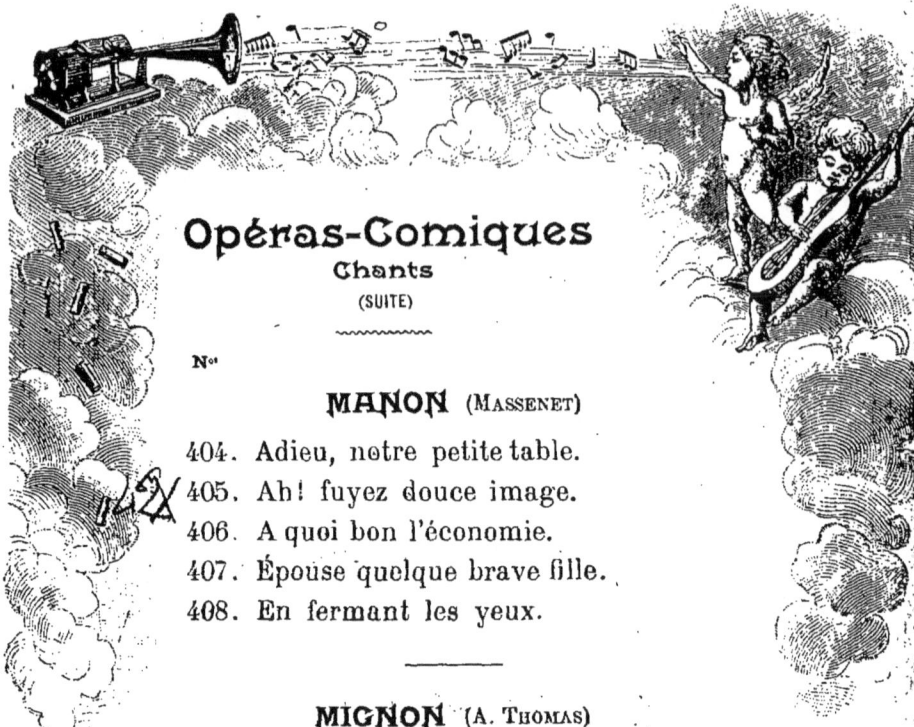

Opéras-Comiques
Chants
(SUITE)

N⁰ˢ

MANON (MASSENET)

404. Adieu, notre petite table.
405. Ah! fuyez douce image.
406. A quoi bon l'économie.
407. Épouse quelque brave fille.
408. En fermant les yeux.

MIGNON (A. THOMAS)

410. Je suis Titania.
411. Adieu, Mignon, courage.
412. Elle ne croyait pas.
413. Berceuse : De son cœur.
414. Connais-tu le pays.
415. Madrigal : Belle, ayez pitié de nous.

MIREILLE (GOUNOD)

417. Si les filles d'Arles sont reines.
418. Un père parle en père.
419. Chanson du berger : Le jour se lève.
420. O Magali.
421. Anges du Paradis.

LES MOUSQUETAIRES DE LA REINE (HALÉVY)

423. Pas de beauté pareille.
424. Par la morbleu! que l'on s'efface.
425. Enfin, un jour plus doux se lève.
426. Le bal commence.
427. Oh! mes amis, il n'est pas sur ma foi.

Opéras-Comiques
Chants
(SUITE)

N°

LA MULE DE PEDRO (MASSÉ)

429. Ma mule, qui chaque semaine..

UNE NUIT DE CLÉOPATRE (MASSÉ)

432. Cantabile de Charmion.

433. Air de Manassès.

434. Sous un rayon tombé des cieux.

435. Cantilène de Manassès : O demeure céleste.

437. Strophes de Cléopâtre : Le connais-tu, l'amour.

LES NOCES DE JEANNETTE (MASSÉ)

440. Margot, Margot lève ton sabot.

441. Ah! vous ne savez pas, ma chère.

442. Enfin, me voilà seul.

443. Cours mon aiguille.

444. Parmi tant d'amoureux.

LES NOCES DE FIGARO (MOZART)

445. Mon cœur soupire.

L'OMBRE (FLOTOW)

446. Quand je monte cocotte.

447. Midi, minuit.

448. Une femme douce et gentille.

PAUL ET VIRGINIE (MASSÉ)

450. N'envoyez pas le jeune maître.

451. Par quel charme? dis-moi.

452. L'oiseau s'envole.

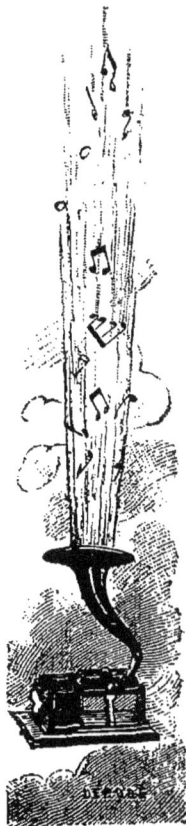

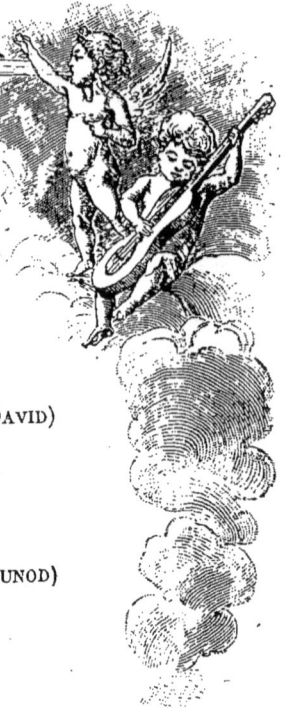

Opéras-Comiques
Chants
(SUITE)

Nᶜˢ

LA PERLE DU BRÉSIL (DAVID)

455. Zora, je cède à ta puissance.

PHILÉMON ET BAUCIS (GOUNOD)

456. Que les songes heureux.
457. Couplets de Vulcain.
458. Vénus n'est pas plus belle.
459. Eh quoi! parce que Mercure.

LE POSTILLON DE LONGJUMEAU
(ADAM)

461. Ronde du Postillon : Ah! qu'il était beau.
462. Couplets de Saint-Phar : Assis au pied d'un hêtre.

LE PRÉ AUX CLERCS (HÉROLD)

464. Air de Mergy : Ce soir j'arrive donc.
465. A la fleur du bel âge.
466. Souvenir du jeune âge.

QUENTIN DURWARD (GEVAERT)

467. Air du 1ᵉʳ acte, baryton : Ballade.

RICHARD COEUR-DE-LION (GRÉTRY)

469. Une fièvre brûlante.
470. Que le sultan Saladin.
471. O Richard, ô mon roi !

Opéras-Comiques
Chants
(SUITE)

N"

LA REINE TOPAZE (V. Massé)
472. O! riante fleur.

LE ROI L'A DIT (Léo Delibes)
474. Marquise, soyez indulgente.

LE ROI D'YS (Lalo)
477. Vainement, ma bien-aimée.

SI J'ÉTAIS ROI (Adam)
480. La fleur boit la rosée.
481. Zéphoris est bon camarade.
482. Un regard de ses yeux.
483. J'ignore son nom.
484. Dans le sommeil.

LE SONGE D'UNE NUIT D'ÉTÉ
(Thomas)
486. Allons, que tout s'apprête.
487. Enfants, que cette nuit est belle.
488. Son image si chère.
489. Romance : Un songe, hélas !
490. Couplets : Où suis-je ?

SUZANNE (Paladilhe)
491. Comme un petit oiseau.

LA TAVERNE DES TRABANS
495. Dans le parfum des fleurs.

LE TIMBRE D'ARGENT (Saint-Saens)
500. De Naples à Florence.

Opéras-Comiques

Chants

(SUITE)

Nᵒˢ

LE TORÉADOR (ADAM)

502. Oui, la vie.

LE VOYAGE EN CHINE (BAZIN)

504. Chanson Napolitaine.
505. Chanson du cidre.
506. La Chine est un pays charmant.
507. Quand le soleil, sur notre monde.
508. Romance.
509. Boléro

LE VALET DE CHAMBRE (CARAFA)

512. Ma Denise était si jolie.

LE VIOLONEUX (OFFENBACH)

515. Ronde : Le Violoneux du village.
516. Couplets : Je t'apporte la délivrance.
517. Air du ténor : Conscrit, conscrit.

WERTHER (MASSENET)

518. Air du 1ᵉʳ acte : Je ne sais si je veille.
520. Un autre est son époux.

ZAMPA (HÉROLD)

524. Toi, dont la grâce séduisante.
525. Pourquoi trembler.
526. Douce jouvencelle.

OPÉRETTES

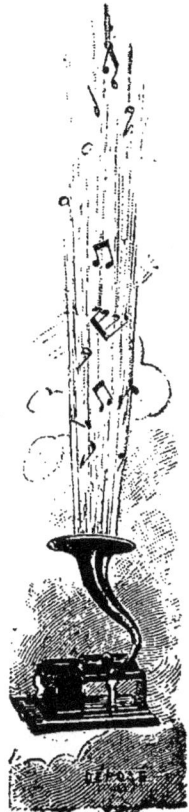

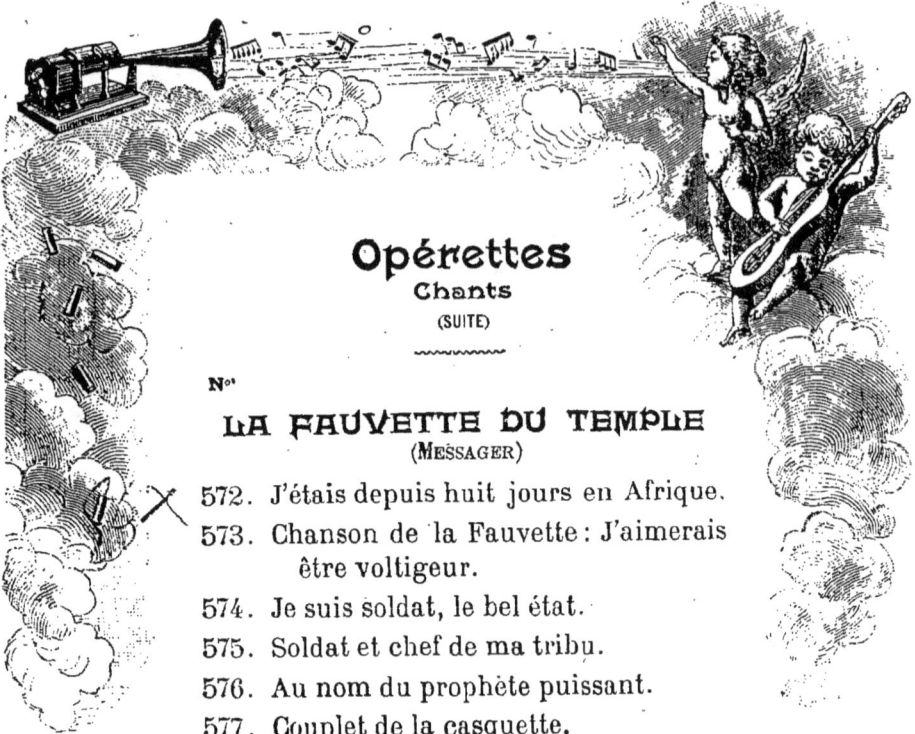

Opérettes
Chants
(SUITE)

Opérettes
Chants
(SUITE)

Nᵒˢ

FRANÇOIS-LES-BAS-BLEUS
(BERNICAT)

598. C'est François-les-bas-bleus.
599. A toi j'avais donné ma vie.

GILLETTE DE NARBONNE (AUDRAN)

602. Air du baryton : Le plaisir nous convie.
603. Couplet : D'abord, quel beau commencement.
604. Il est un pays sur la terre.
605. Chanson espagnole (Valse).
606. En avant, Briquet.
607. Couplets du parrain.

GIROFLÉ GIROFLA (LECOCQ)

610. Je vous présente un père.
611. Ma belle Girofla.
612. Couplet : Nos ancêtres étaient sages.
613. Mon père est un très gros banquier.
614. Brindisi : Le Punch scintille.

LE GRAND MOGOL (AUDRAN)

616. Gentils petits serpents.
617. Petite sœur, il faut sécher tes larmes.
618. Romance : Si j'étais petit serpent.

HARDI LES BLEUS (J. CLÉRICE)

620. J'eus un aïeul.

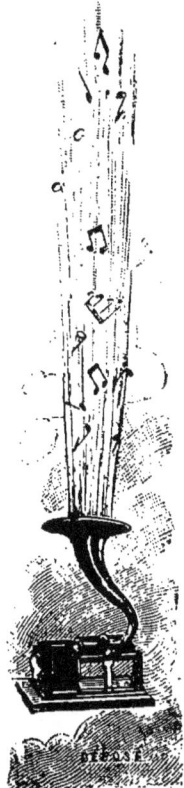

Opérettes

Chants

(SUITE)

Opérettes

Chants
(SUITE)

Nᵒˢ

LES MOUSQUETAIRES AU COUVENT (J. Varney)

643. Pour faire un brave mousquetaire.
644. Je suis l'abbé Bridaine.
645. Suis je gris, vraiment ?
646. Romance de la lettre.
647. L'amour, quoi qu'on dise.
648. S'il est un joli régiment.

PANURGE (Planquette)

649. Berceuse.
650. Chanson à boire.

LA PÉRICHOLE (Offenbach)

651. Complainte : L'Espagnole et la Jeune Indienne.
652. Air de la lettre.

LE PETIT DUC (Lecocq)

653. Air du barytón : Vous menacez.
654. Chanson du Petit Bossu.
655. Couplet des œufs.
656. Pas de femmes.
657. Hélas ! elle a raison ma chère.
658. Couplet du Petit Duc : Enfin, nous voici.

LA PETITE MARIÉE (Ch. Lecocq)

660. Le jour où tu te marieras.
661. Vraiment, est-ce là la mine.
662. Mon amour, mon idole.

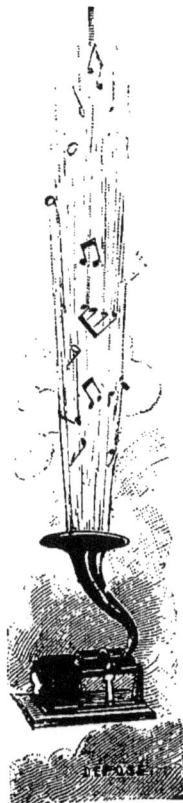

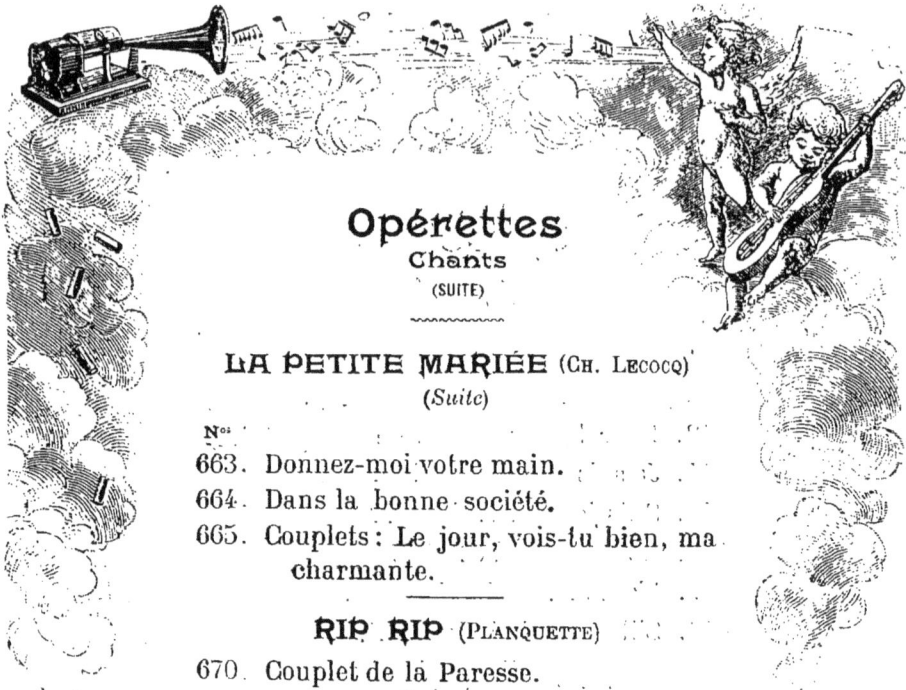

Opérettes
Chants
(SUITE)

LA PETITE MARIÉE (Ch. Lecocq)
(Suite)

Nos

663. Donnez-moi votre main.
664. Dans la bonne société.
665. Couplets : Le jour, vois-tu bien, ma charmante.

RIP RIP (Planquette)

670. Couplet de la Paresse.
671. Romance des Enfants.
672. Ce n'est pas la bière qu'on vante.
673. Pour marcher dans la nuit obscure.
674. Bon vent vire-vire.

SURCOUF (Planquette)

675. Air du baryton.

LES 28 JOURS DE CLAIRETTE
(Roger)

676. Serment d'amour.
677. Bonsoir Ninon.

DÉPOSÉ   L. TILLÉRT

DUOS (Chants)

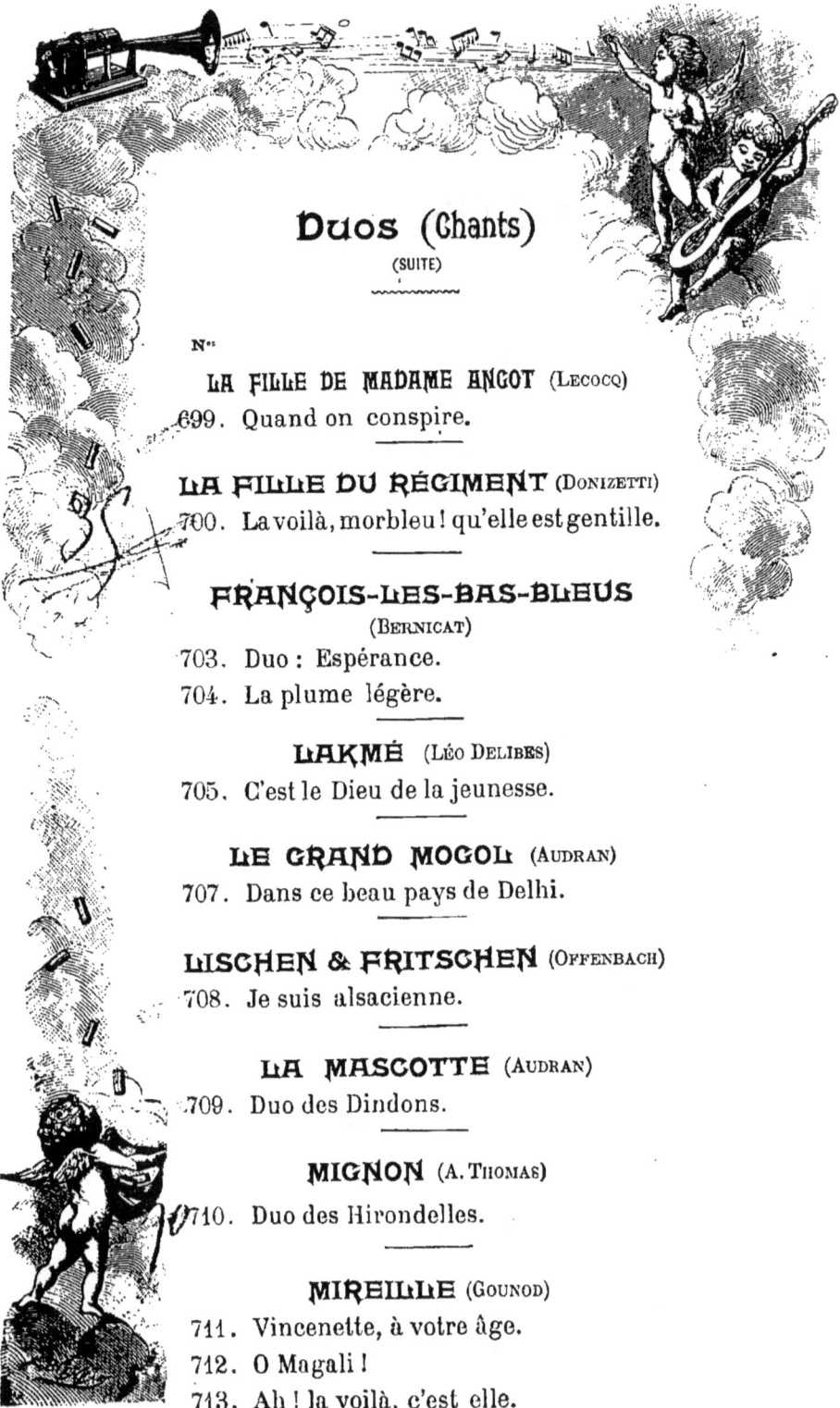

Duos (Chants)

(SUITE)

N°°

LA FILLE DE MADAME ANGOT (LECOCQ)

699. Quand on conspire.

LA FILLE DU RÉGIMENT (DONIZETTI)

700. La voilà, morbleu! qu'elle est gentille.

FRANÇOIS-LES-BAS-BLEUS
(BERNICAT)

703. Duo : Espérance.

704. La plume légère.

LAKMÉ (Léo DELIBES)

705. C'est le Dieu de la jeunesse.

LE GRAND MOGOL (AUDRAN)

707. Dans ce beau pays de Delhi.

LISCHEN & FRITSCHEN (OFFENBACH)

708. Je suis alsacienne.

LA MASCOTTE (AUDRAN)

709. Duo des Dindons.

MIGNON (A. THOMAS)

710. Duo des Hirondelles.

MIREILLE (GOUNOD)

711. Vincenette, à votre âge.

712. O Magali !

713. Ah ! la voilà, c'est elle.

Duos (Chants)

(SUITE)

MISS HELYETT (AUDRAN)

714. Vous êtes bien ainsi.

LES MOUSQUETAIRES DE LA REINE (HALÉVY)

715. Saint Nicolas; mon patron.

LA MUETTE DE PORTICI (AUBER)

717. Duo : Amour sacré.

UNE NUIT A VENISE (LUCANTINI)

718. Arrêtons-nous.

ORESTE & PYLADE (PESSARD)

719. Duo.

LA PATRIE DES HIRONDELLES (MESSINI)

720. Duo.

LES PÊCHEURS DE PERLES
(BIZET)

722. Duo : Oui, c'est-elle, c'est la déesse.

PHILÉMON & BAUCIS (GOUNOD)

723. Duo.

LE PETIT DUC (LECOCQ)

724. Duo du 1er acte : Le savant part.
725. Duo : Couplet du Colonel.

LA PETITE MARIÉE (LECOCQ)

729. Duo du Rossignol.

Duos (Chants)

(SUITE)

Nᵒˢ

LE PRÉ AUX CLERCS (Hérold)
732. Les rendez-vous de noble compagnie.

LE POSTILLON DE LONGJUMEAU (Adam)
736. Duo.

LA REINE DE CHYPRE (Halévy)
740. Triste exilé.

RICHARD COEUR-DE-LION (Gréty)
741. Duo.

ROBERT-LE-DIABLE (Meyerbeer)
747. Duo bouffe : Ah ! l'honnête homme.
748. Des chevaliers de ma patrie.

SAINT JANVIER (Tagliafico)
749. Duo : J'aime une Sorrentine.

SI J'ÉTAIS ROI (Adam)
750. Arrêtons-nous.

LE VIOLONEUX (Offenbach)
754. Duo.

Compagnie Générale
DE
CINÉMATOGRAPHES, PHONOGRAPHES
et Pellicules

98, RUE DE RICHELIEU
PARIS

TRIOS (Chants)

LE PHONOGRAPHE
en société

DÉPOSÉ

DÉPOSÉ

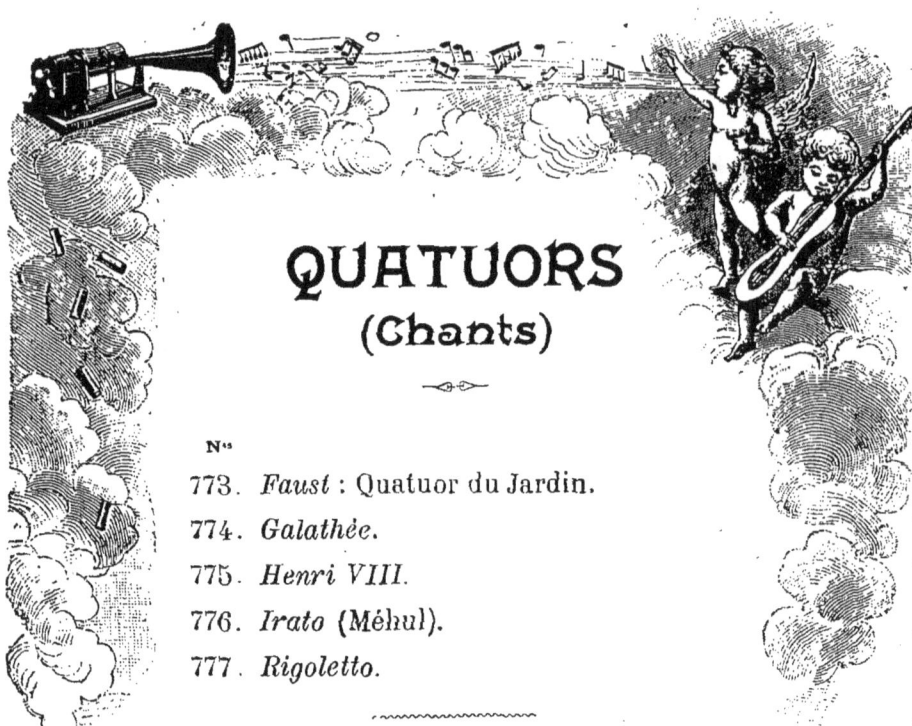

QUATUORS
(Chants)

LE PHONOGRAPHE
Pour apprendre la chanson
à mon pinson

Jeune fille donnant une leçon de chant à son petit ami à l'aide du phonographe.

CHOEURS
(Chants)

❦

CHOEURS D'OPÉRAS

— 41 —

Chœurs (Chants)

(SUITE)

Nᵒˢ

ROBERT-LE-DIABLE (MEYERBEER)

789. Chœur des Moines

ROBIN DES BOIS (WEBER)

790. Chœur des Chasseurs.

ROMÉO & JULIETTE (GOUNOD)

791. Fête chez Capulet.

LE SONGE D'UNE NUIT D'ÉTÉ (A. THOMAS)

792. Chœur des Gardes-chasse.

TANNHAUSER (WAGNER)

793. Chœur des Pèlerins.

Le Phonographe en famille

Choeurs (Chants)

(SUITE)

CHOEURS RELIGIEUX

Nᵒˢ

794. Ave Maria (César Franck).
795. Le Crucifix (Gounod).
796. Mors et vita (Gounod).
797. La Pâque.
798. Prière du soir (Gounod).
799. Rédemption (Gounod).
800. Stabat Mater (Rossini).

LE PHONOGRAPHE EN CLASSE

Rien de pareil pour apprendre le chant sans fatigue pour le professeur!

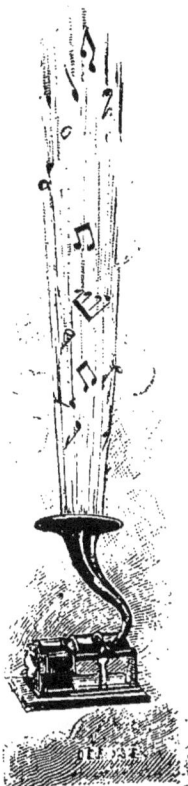

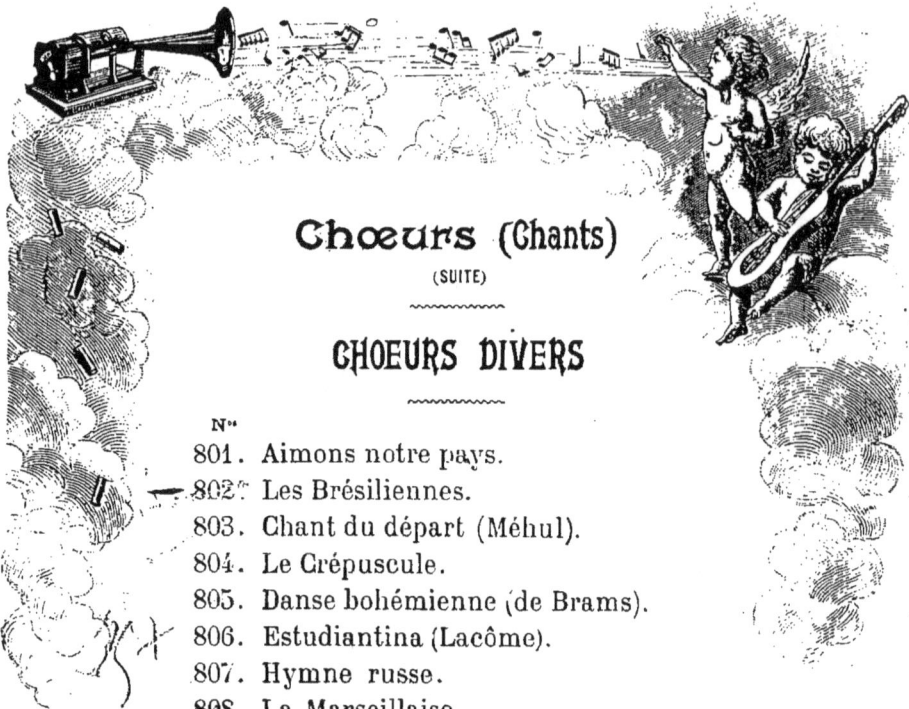

Chœurs (Chants)

(SUITE)

CHŒURS DIVERS

Nᵒˢ
801. Aimons notre pays.
802. Les Brésiliennes.
803. Chant du départ (Méhul).
804. Le Crépuscule.
805. Danse bohémienne (de Brams).
806. Estudiantina (Lacôme).
807. Hymne russe.
808. La Marseillaise.
809. Les Montagnards.

LE PHONOGRAPHE EN CLASSE

Le professeur enregistre un chant patriotique pour un grand concours.

CHANTS RELIGIEUX

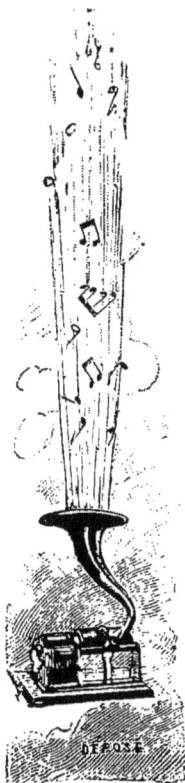

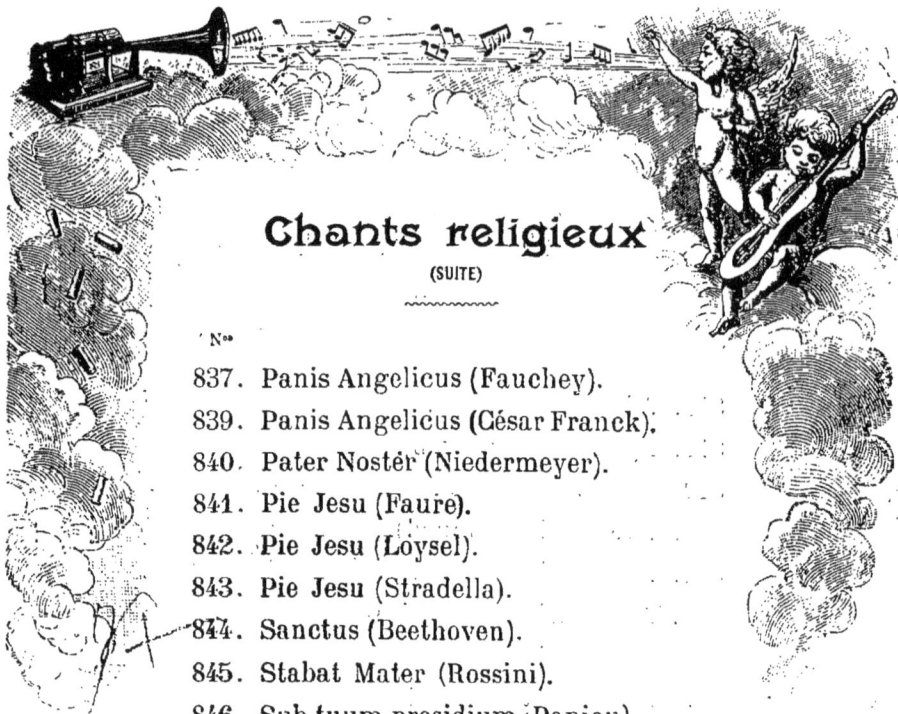

Chants religieux

(SUITE)

Nos

837. Panis Angelicus (Fauchey).

839. Panis Angelicus (César Franck).

840. Pater Noster (Niedermeyer).

841. Pie Jesu (Fauré).

842. Pie Jesu (Loysel).

843. Pie Jesu (Stradella).

844. Sanctus (Beethoven).

845. Stabat Mater (Rossini).

846. Sub tuum presidium (Danjou).

847. Tantum ergo (Minard).

848. Tantum ergo (Fauré).

849. Venez, divin Messie.

850. Magnificat.

LE PHONOGRAPHE
pour apprendre le Chant

La Répétition !

ROMANCES

et grands airs

850. L'anneau d'argent (Chaminade).
851. Air du Laboureur (Haydn).
852. Alleluia d'amour (Faure).
853. Au temps des moissons (Flégier).
854. L'Angélus de la mer (Goublier).
855. Amis, la nuit est belle (Paladilhe).
856. L'Amour captif (Chaminade).
857. Adieu Grenade (P. Henrion).
858. L'Adieu (Schubert).
859. L'Anniversaire (P. Henrion).
860. Accordez-moi votre pitié (Rupès).
861. L'Aquilon (Trave).
868. Le Baiser au Régiment (Doria).
869. La Boîte à musique (Goublier).
871. Les Baptêmes du vin (C. Vincent).
872. Les Bébés (Doria).
873. Le Biniou (E. Durand).
874. Les Bords du Rhin (Henrion).
875. Les Bœufs (P. Dupont).
876. La Boîte de Chine (Yann Nibor).
878. Le Bon gîte (Bordèse).
879. Berceuse bleue (Yann Nibor).
880. Berceuse (Chaminade).
881. La Chanson du semeur (Legay)
882. La Chanson du roulier (Renard).
883. La Chanson des Blés d'or (Doria).
891. Chanson de Fortunio (Offenbach).

Romances
et grands airs
(SUITE)

Nᵒˢ

892. Chant d'amour (Bizet).

893. Chanson de Printemps (Gounod).

894. La Cloche (Massenet).

895. La Charité (Faure).

896. Le Crucifix (Faure).

897. Le Cor (Flégier).

898. Clairon fleuri (A. Holmès).

899. Chanson de Florian (B. Godard).

900. Comme à vingt ans (Durand).

901. Le Chemineau (Poncin).

902. Le Chant des sapins (Goublier).

903. Chanson de Ronsart (Ch. Delioux).

904. Ce que j'aime (Darcier).

905. Le Credo du paysan (Goublier).

906. Chanson arabe (B. Godard).

907. Craignez de perdre un jour (Dassier).

908. Chemin de France (Magnès).

909. Le Clown et l'Enfant (Goublier).

910. La Chanson de Marinette (Tagliafico).

911. La Czarine (Ganne).

912. C'était un fils de Rabelais (Fauchey).

913. Le Clairon (P. Déroulède).

914. Chanson du buveur (Goublier).

915. Chante clair (E. Durand).

916. Le Chant du départ. (A. Chénier).

917. Les Cloches du soir (Rillé).

918. La Chanson des Peupliers (Doria)

Romances
et grands airs
(SUITE)

Romances
et grands airs
(SUITE)

Romances
et grands airs
(SUITE)

N°

998. Les Myrthes sont flétris (Faure).

1010. La Marche Lorraine (Ganne).

1011. La Marseillaise (Rouget de l'Isle).

1012. Marguerite (Gounod).

1013. Mandolinata (Paladilhe).

1014. Les Mamans (P. Delmet).

1015. Les Montagnards (Roland).

1016. Le Menuet royal (Varguès).

1017. Les Mémoires d'une Rose (Planquette).

1025. Noël intime (Irène Berger).

1026. Noël de Bohême (E. Missa).

1028. Noël païen (Massenet).

1029. Noël aux quatre vents (Goublier).

1030. Ne nous oubliez pas (Maquis).

1031. Naples (A d'Hack).

1032. Noël (A. Holmès).

1033. Ne jouons pas avec le cœur (Darcier).

1034. Noël (Adam).

1035. Le Noël des gueux (Gérald-Varguès).

1045. Ouvre tes yeux bleus (Massenet).

1046. Oiseaux légers (Gomberg).

1047. Oh ! le beau rêve (Flégier).

1048. Les Petits Pavés (Paul Delmet).

1049. La Pavane (Varguès).

1050. Le Pays des Roses (Albert Petit).

1051. La Paimpolaise (Botrel).

1055. Le Pressoir (Faure).

Romances

et grands airs

(SUITE)

Romances

et grands airs

(SUITE)

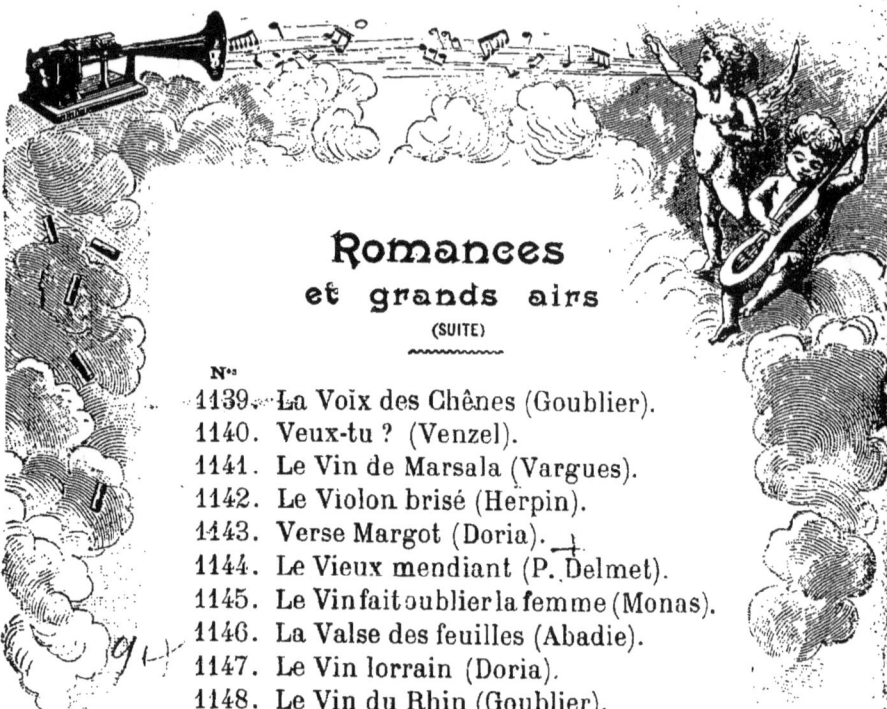

Romances
et grands airs
(SUITE)

Une Confidence devant le Phonographe

Redisons cela plus fort, nous en conserverons ainsi un souvenir éternel !

TYROLIENNES

LE PHONOGRAPHE
après le dîner

Écoutez-moi ça ?

C'est désopilant !

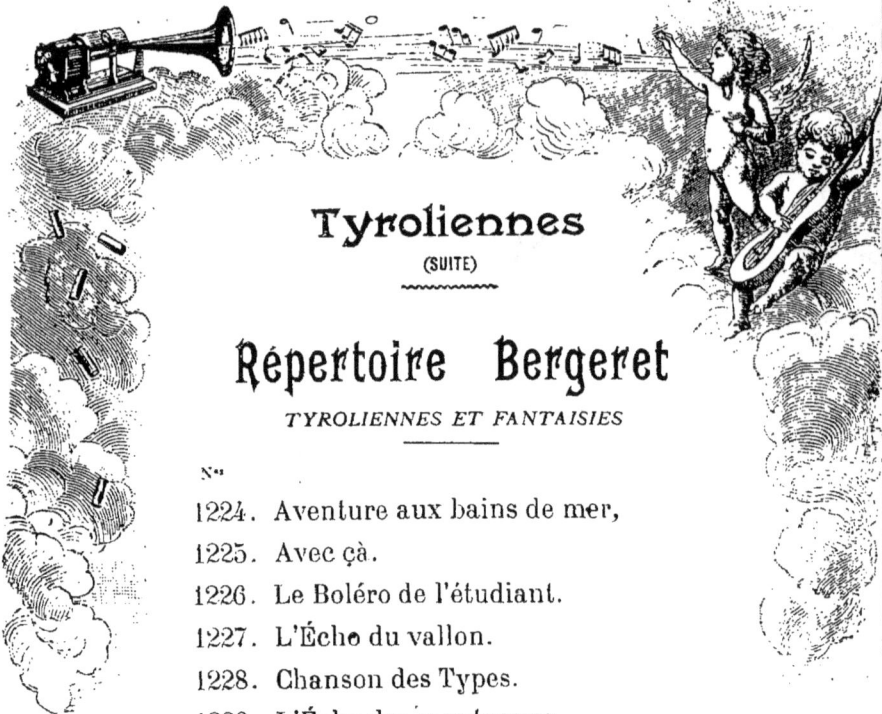

Tyroliennes

Répertoire Bergeret

TYROLIENNES ET FANTAISIES

Nᵒˢ

1224. Aventure aux bains de mer,

1225. Avec çà.

1226. Le Boléro de l'étudiant.

1227. L'Écho du vallon.

1228. Chanson des Types.

1229. L'Écho des montagnes.

1230. Entre les deux mon cœur balance.

1231. Mauvais côté de la chose.

1232. La Perle du Tyrol.

1233. Le Petit vitrier.

1234. Sérénade du Tyrolien.

1235. Sérénade des Coucous.

1236. Sur le pont d'Avignon.

1237. Tourterelle et Tourtereau.

1238. Tyrolienomanie.

1239. Le Refrain des montagnes.

1240. Amour et mandoline (Imitation de mandoline).

1241. Aubade à Joséphine (Imitation de mandoline).

1242. La biche au bois (Avec cor de chasse).

1243. Babillage d'oiseaux (Siffleur).

1244. Clairon de caserne (Avec clairon).

1245. Clairon de service (Avec clairon).

Tyroliennes

Répertoire Bergeret (suite)

Nᵒˢ

1246. Chouya l'Arbi (Avec clairon).

1247. La Chasse aux lièvres (Avec cor de chasse).

1248. Marchand d'Ocarinas (Ocarina).

1249. Revue des animaux ((Imitation cris d'animaux).

1250. Siffleur d'Oiseaux (Imitation d'oiseaux).

1251. Les Turcos (Avec clairon).

1252. Un tas d'bêtises (Imitation de mandoline).

1253. Ceux de la classe (Avec clairon).

1254. Pour défiler, en avant (Avec clairon).

1255. Retour du Dahomey (Avec clairon).

1256. Régiment-marche (Avec clairon).

1257. Ronde des Turcos (Avec clairon).

LE PHONOGRAPHE A LA CASERNE

DÉPOSE

C'est épatant, mon vieux.

CHANSONS

ET

CHANSONNETTES

Répertoire Paulus

N°

Chansons
et Chansonnettes
(SUITE)

Répertoire Paulus (Suite)

Nᵒˢ

1291. Les Deux noblesses.
1292. Derrière l'omnibus.
1295. En revenant de la revue
1296. Les Employés d'administration.
1297. Elles en pincent pour moi.
1298. En revenant de Suresnes
1299. Les Exploits d'un trombone.
1300. Gentil avec les dames.
1304. En suivant la retraite.
1305. Gendre et belle-maman.
1306. Les Gendarmes qui passent.
1307. Les Gardes municipaux.
1308. Les Garçons de recette.
1311. Il se promène.
1312. L'Invalide belge.
1313. Je l'ai gagné.
1314. La Levrette de la marquise.
1315. La Légion étrangère.
1316. Lettre à la môme.
1320. Madame et Monsieur.
1321. La Musique de la garde.
1322. Le Maître sonneur.
1323. Oh ! le blague.
1324. Le Père la Victoire.
1325. Paris-Volupté.

Chansons

et Chansonnettes

(SUITE)

Répertoire Paulus (Suite

Nᵒˢ

1326. Le Pompier de Service.
1327. Le Printemps s'avance.
1328. Polka des English.
1329. Le P'tit bleu.
1330. La Polka des chonchons.
1331. Le Procès-verbal.
1335. Le Retour du mobilisé.
1336. Le Rieur.
1337. Monsieur Rodin.
1340. Le Serrurier.
1341. Le Suisse.
1342. Le Sifflomane.
1343. La Saint-boute-en-train.
1344. Les Statues en goguette.
1349. Tout le long, le long.
1350. Le Tambour-major amoureux
1351. Trois, rue du Paon.
1352. Le Terrible méridional.
1355. Un Tour de valse.
1356. Un Drame à Falaise.
1357. Un Air de mazurka.
1358. Un Vieux Coq.
1362. Viens donc.
1363. La Valse du vin rose.
1364. La Valse de l'or.
1365. Le Valseur fin de siècle.

Chansons

et Chansonnettes

(SUITE)

Répertoire Yvette Guilbert

DA 405

Chansons
et Chansonnettes
(SUITE)

Répertoire Yvette Guilbert (Suite)

Nᵒˢ

1406. Héloïse et Abélard.

1407. Idylle normande.

1408. L'Ingénue de Grenelle.

1412. Le Jeune homme triste.

1413. Je cherche un petit jeune homme.

1414. Les Jours qu'il fait froid.

1415. La Jarretière.

1420. Leurs Filles.

1421. La Langue.

1422. Le Langage des doigts.

1423. Le Lapin de Jeannette.

1424. La Laideur des hommes.

1430. Mon beau-frère.

1431. Madame le Docteur.

1432. Mari, femme et enfant.

1433. Maîtresse d'acteur.

1436. Le Nouveau jeu.

1437. Nerveuse.

1442. Les Petits couchers.

1443. Le Petit panier de Pierrette.

1444. La Pieuvre.

1445. La Pierreuse.

1446. Les Petits vernis.

1447. Le Petit modèle.

1448. Pompette.

Chansons
et Chansonnettes
(SUITE)

Répertoire Yvette Guilbert *(Suite)*

Nᵒˢ

1449. La Promise.

1450. Les Petites chatteries.

1451. Le Petit cochon.

1452. La Pocharde.

1453. Le Papillon qui passe.

1454. Les Petits péchés de la rosière.

1455. Les Quatr'zétudiants.

1456. Quand ça l'prend.

1457. Les Réponses de Virginie.

1460. Souvenirs de vierge.

1461. Les Saintes nitouches.

1462. Le Secret des hommes.

1463. Les Salons parisiens.

1464. Les Six Potaches.

1465. Sainte Galette.

1466. La Soularde.

1470. Le Trou du chat.

1471. Les Toutous.

1472. Les Trois petites filles.

1473. Le Train de ceinture.

1476. Les Vieilles cocottes.

1477. Les Vierges.

1478. Les Vieux Messieurs.

1480. Si tu savais, ma chère

1481. Le Fiacre.

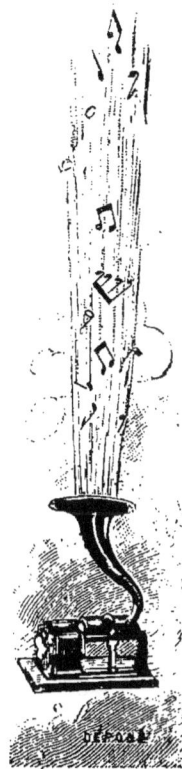

Chansons
et Chansonnettes
(SUITE)

Répertoire Bruant

Nᵒˢ

1490. Au bois d'Vincennes.
1491. A la place Maubert.
1492. A la Goutte d'or.
1493. A la Madeleine.
1494. A Grenelle.
1495. A Mazas.
1496. A Montrouge.
1497. Amoureux.
1498. A la Roquette.
1499. A la Villette.
1500. A Batignolles.
1501. A la Glacière.
1502. A la Chapelle.
1503. A la Bastille.
1504. A Montparnasse.
1505. A Montmartre.
1506. A Biribi.
1507. Au bat d'Af.
1508. Au Bois de Boulogne.
1509. A Saint-Lazare.
1510. A Saint-Ouen.
1515. Belleville-Ménilmontant.
1516. Bavarde.
1520. Coquette.

Chansons
et Chansonnettes
(SUITE)

~~~~~~~~

Répertoire Bruant *(Suite)*

Nᵒˢ

1521. Côtier.

1522. Le Chat Noir.

1523. La Chanson du Sac.

1524. Le Cent-treizième de ligne.

1526. Crâneuse.

1527. Casseur de gueules

1535. Dans l'faubourg.

1536. Exploité.

1537. Fantaisie triste.

1538. Foies blancs.

1539. Fossoyeur.

1540. Fins de siècle.

1545. Grelotteux.

1546. Gréviste.

1550. Les Grandes manœuvres.

1551. Les Petits Joyeux.

1552. Lézard.

1560. Marche des dos.

1561. La Bonne année.

1562. La Noire.

1570. Pus d'patrons.

1571. Philosophe.

1572. Les Quatre pattes.

1573. Ronde des Marmites.

1580. Récidiviste.

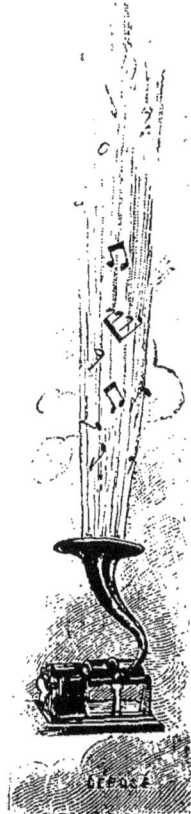

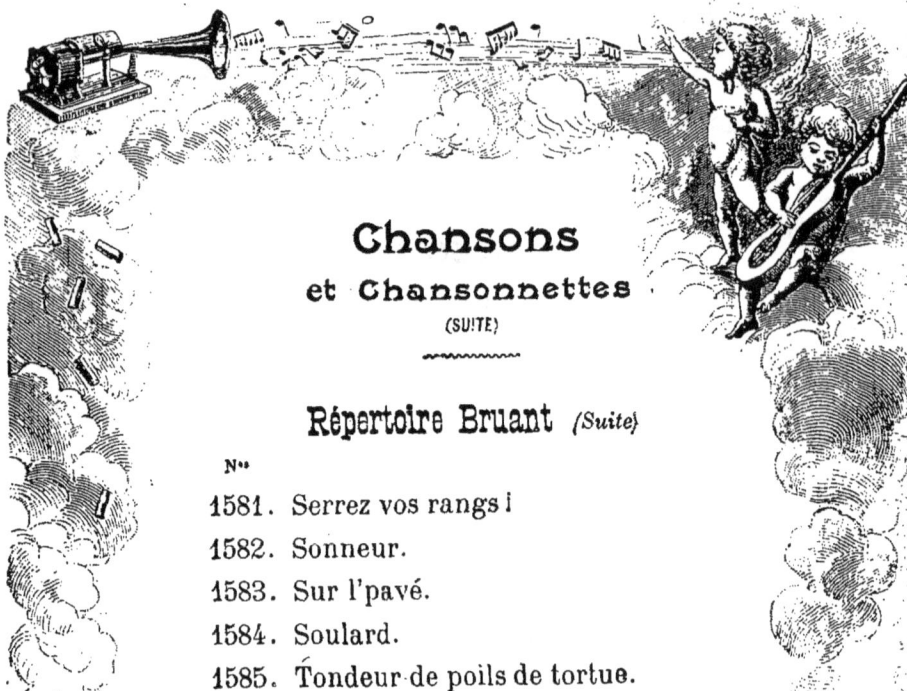

Chansons
et Chansonnettes
(SUITE)

~~~~~~~

Répertoire Bruant *(Suite)*

Nᵒˢ

1581. Serrez vos rangs !

1582. Sonneur.

1583. Sur l'pavé.

1584. Soulard.

1585. Tondeur de poils de tortue.

1586. V'la l'choléra qu'arrive.

1587. V'la pourquoi j'cherche un log'ment.

1590. Les Vrais dos.

~~~~~~~

LE PHONOGRAPHE
au cercle des intimes

J'ai déjà entendu cette voix ?

Mais oui, c'est celle de Bruant
à Montmartre !

Chansons
et Chansonnettes
(SUITE)

Répertoire Mercadier

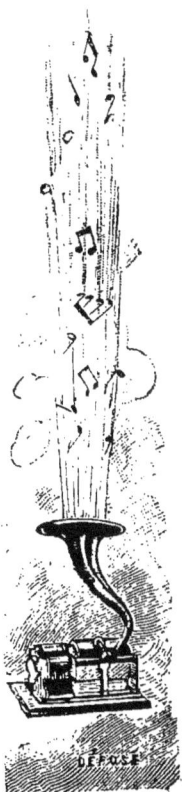

N°

1591. Aubade à la Lune.

1592. Anciennes et nouvelles.

1593. L'Amour est fugitif.

1594. A quoi tient l'amour ?

1595. A Bagnolet.

1596. L'Amant philosophe.

1597. Bonjour Suzon.

1598. Battez tambours.

1599. Buvons sec.

1600. Le Buveur philosophe.

1605. Après la rupture.

1606. C'était un rêve.

1607 Comme elles aiment.

1608. C'est le Médoc.

1609. Ce soir.

1619. Le Curé Printemps.

1620. C'est si gentil.

1621. C'est Polichinelle, mamz'elle.

1622. La Closerie des genêts.

1623. Le Cœur de la femme.

1624. La Capucine.

1625. Brune aux jolis yeux.

1626. Dans nos ménages.

1632. Donne-moi ton baiser, Suzon.

Chansons
et Chansonnettes
(SUITE)

Répertoire Mercadier *(Suite)*

Nᵒˢ

Chansons
et Chansonnettes
(SUITE)

Répertoire Mercadier (Suite)

N°
1675. Le Nid brisé.
1676. De profundis d'amour.
1677. Nouveau plaisir.
1678. Noël à Madame.
1679. O ma Suzon ?
1680. Premier froid.
1687. Le Portrait de Mireille.
1688. Petits chagrins et grandes peines
1689. Parisienne-Polka.
1690. Porte close.
1691. Le P'tit bleu bourguignon.
1692. Pour cueillir la fraise.
1693. La Première fleur.
1694. Près des cieux.
1695. Par la fenêtre
1696. Le Passeur du Printemps.
1697. Pour l'amour de Dieu.
1698. Les Petites mères.
1699. Pour toi.
1700. Pour plaire aux femmes.
1710. Quand les lilas refleuriront.
1711. Retour au nid.
1712. Rôdeuse.
1713. Refrain de Madelon.
1714. Rien que ton baiser.

Chansons
et Chansonnettes
(SUITE)

Répertoire Mercadier *(Suite)*

N⁰⁸

1715. Rire et pleurer.
1720. Si les femmes savaient.
1721. Songe rose.
1722. Séparons-nous.
1723. Sentinelle, veillez.
1724. Sous la forêt brune.
1725. Sérénade à Suzon
1726. Si vous le vouliez, ô mademoiselle.
1727. Le Sixième étage.
1730. La Terre.
1731. Tout comme les autres.
1732. La Tour Saint-Jacques.
1733. Ton cœur s'est lassé.
1736. Un Mois d'amour.
1738. Visite à Ninon.
1739. Le Vicaire de mon village.
1740. Verse toujours, Lisette.
1741. Le Vin Rose.
1742. Vous en auriez fait autant.
1743. Le Vin des femmes.

Compagnie Générale
DE
CINÉMATOGRAPHES, PHONOGRAPHES
et Pellicules

.98, RUE DE RICHELIEU, 98
PARIS

Chansons

et Chansonnettes
(SUITE)

Répertoire Ouvrard

1750. Ah! la pauvre fille.

1751. Au conseil de revision.

1752. A droite, au fond

1753. Avec Ugène.

1755. La Clarinette fin de siècle.

1760. Et ta sœur.

1761. En s'en allant dans un bateau.

1762. Guigne en haut, guigne en bas.

1763. Huit jours de clou.

1766. La Lettre de papa.

1767. La Machtagouine.

1768. Ma petite sœur Euphrasie.

1770. Priez pour eux.

1771. La Prière militaire.

1772. Rien qu'un doigt.

1775. Toinette et Colin.

1776. Tout l'fourbi.

1777. Le Tabac du capitaine.

1780. Virgule, un point, c'est tout.

1785. Youp, youp larifla.

Chansons
et Chansonnettes
(SUITE)

Répertoire Maurel

Nᵉˢ

1786. L'accordeur de pianos.

1787. Alors, si on est d'accord.

1788. A Montparnasse.

1790. C'est vilain, les femmes.

1791. Cette petite femme-là.

1792. Chapeau, chapeau.

1793. Chauffeur d'automobile.

1794. Ça vous met la tête à l'envers.

1795. Ceux qui casquent.

1796. En visite.

1800. La Chanson des Pantalons

1801. En marche.

1802. Frisette-polka.

1803. La Grosse dame.

1804. La Ronde des Bourgeois.

1805. Le Lancier de Monsieur le Préfet.

1806. J'ai perdu ma gigolette.

1809. Madame Camus.

1810. La Marche des vieux beaux.

1811. Ma Demi-Vierge.

1812. Le Pauvre ouvrerrier.

1813. La Ballade des agents.

1814. La Bonne du curé.

1815. Ma jolie conquête.

Chansons
et Chansonnettes
(SUITE)

Répertoire Maurel (Suite)

Nos

1816. Ne jurez pas aux femmes.
1820. O! Cunégonde.
1821. Où donc çà s'en va.
1822. Près de ma blonde.
1823. Pour faire quelque chose.
1825. Le Portrait d'horizontale.
1826. Les Puces
1827. Les Plageux.
1830. Quand j'étais au Bon Marché.
1831. Si la compagnie.
1832. Quand je suis une modiste.
1835. Sur l'boul'Mich'.

LE PHONOGRAPHE
pour tout le monde

Ecoutez Mesdames et Messieurs
la voix authentique de la plus
grande artiste de notre époque.

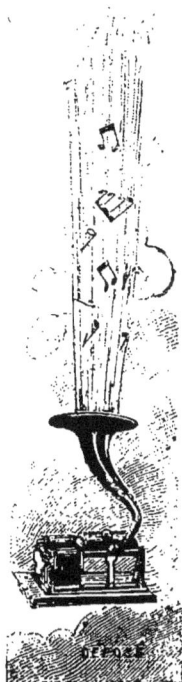

Chansons
et Chansonnettes
(SUITE)

Répertoire Polin

Chansons
et Chansonnettes
(SUITE)

Répertoire Polin (Suite)

Nᵒˢ
1879. Masseur.
1880. Ma Gertrude.
1881. Marchons légèrement.
1882. Ma grosse Julie.
1883. Nous étions sept.
1890. La Main z'à la plume.
1891. Le Moine du commandant.
1892. Ohé cantinère !
1893. Pour m'amuser.
1894. Quand j'suis d'sortie.
1900. La promenade aux Tuileries.
1901. Quel malheur !
1902. Quand la classe viendra.
1903. Quatre timbres de trois sous.
1904. Les Questions du bataillon.
1910. Les Rêves.
1911. Rien, rien, rien.
1912. Rigolard et Pleurnichard.
1920. La Sortie de Balloche.
1921. Le Soldat Batopieux.
1922. Sur la route de Narbonne.
1923. La Sentinelle rageuse.
1924. Situation intéressante.
1925. Sur les routes.
1930. Le Troupier bicycliste.

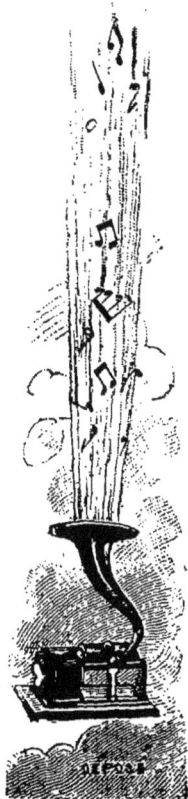

Chansons
et Chansonnettes
(SUITE)

Répertoire Polin (*Suite*)

N°

1931. Un Drame dans la colonne.

1932. Une Conquête militaire.

1933. Voulez-vous du tabac ?

LE PHONOGRAPHE
pour la sérénade

Quelle voix adorable !
Oh mon bien-aimé !

Chansons

et Chansonnettes
(SUITE)

~~~~~

Répertoire Sulbac

Nᵒˢ

1940. J'ai mal partout.
1941. Le jeune homme de Sceaux.
1942. A travers Paris.
1942. Dupont et Dubois.

~~~~~

Répertoire Kam-Hill

1950. La Clé du Paradis.
1951. Le Chapelet.
1960. Les Filles de Pontoise.
1961. La Leçon de cor.
1963. La Leçon de couture.
1970. Ous'qu'est Saint-Nazaire.
1971. L'Omnibus de la Préfecture.
1972. Le Pendu.
1980. La Ronde du garde-champêtre.
1981. Sans le vouloir.
1982. Un Bal chez le ministre.
1990. Les Vaches.

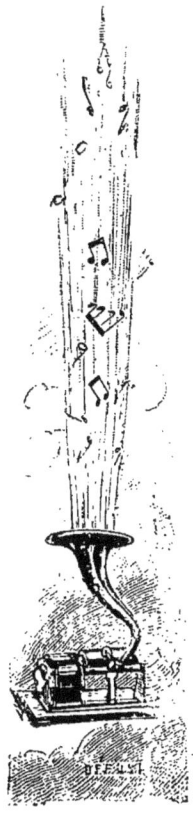

~~~~~

Chansons

et Chansonnettes

(SUITE)

Répertoire Vaunel

Nᵒˢ
1991. Ah! mes enfants.
1992. L'Anglais entêté.
1995. Cinq minutes à l'Armée du Salut.
1996. Le Chanteur bavard.
2002. Garçon fin de siècle.
2003. Imitations d'animaux.
2010. Le Muet mélomane.
2013. Le Scandale.
2014. Les Signalements.

Répertoire Reschal et Claës

2020. Ah! les poires.
2021. Ah! mon pauvre Thimoléon.
2022. Au Château-rouge.
2023. Après le trépas.
2028. Les Amoureux de Pantin.
2029. Ah! quelle poire!
2030. Ballade à la gosse.
2031. Les Ballandard.
2032. La Ballade des cocufiés.
2036. Le Chanteur des cours
2037. Ça te fait du bobo.
2038. Le Coup du lapin.

Chansons
et Chansonnettes
(SUITE)

~~~~~~~~

Répertoire Reschal et Claës (Suite)

Nos

2040. Dans les sentiers.

2045. Effets de printemps.

2046. L'Exposition mirlitonesque.

2047. La Fête du patron.

2048. La Gosse.

2049. Les Impôts nouveaux.

2050. Instants psychologiques

2055. J'aime pas les sergots.

2056. Jean-bon-cœur.

2057. Lettre à la Margotte.

2058. Les Pas-Bileux.

2059. Ma Môme.

2066. La Môme Angèle.

2067. Une Mauvaise mascotte.

2069. La Môme aux grands yeux.

2070. Les Noctambules.

2076. Paris-Sport (Nouvelle version).

2077. Plumes de paon.

2078. Pour avoir la fille.

2080. Qui veut des plumes de paon ?

2085. Rouflaquette-Polka.

2086. Les Racontars de mon portier.

2087. Stances printanières.

2088. La Sérénade du baigneur.

2089. Le Souffleur.

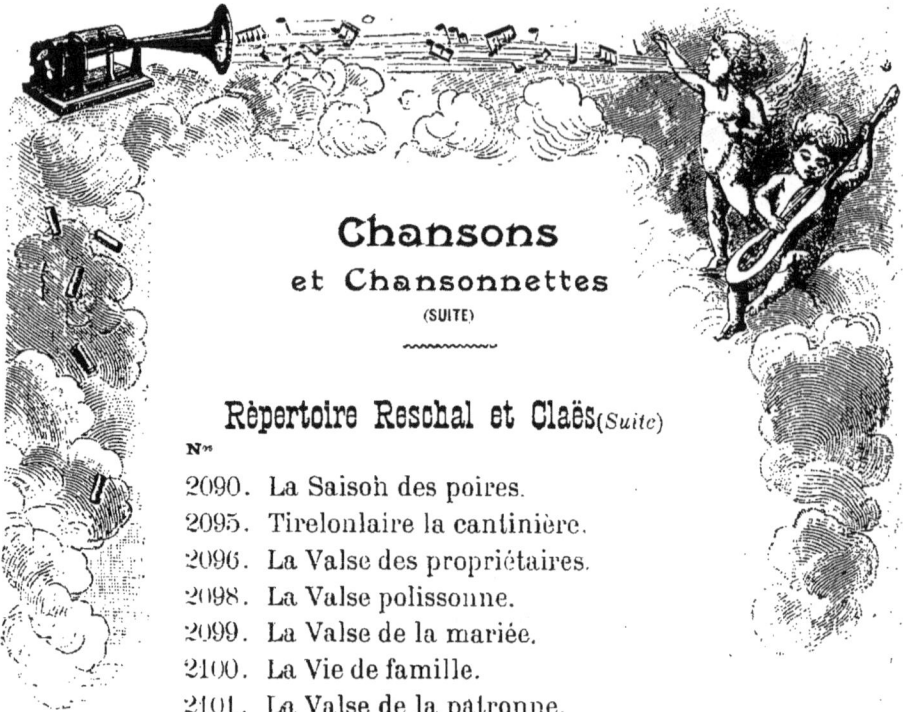

Chansons
et Chansonnettes
(SUITE)

Répertoire Reschal et Claës (Suite)

N°⁸

2090. La Saison des poires.
2095. Tirelonlaire la cantinière.
2096. La Valse des propriétaires.
2098. La Valse polissonne.
2099. La Valse de la mariée.
2100. La Vie de famille.
2101. La Valse de la patronne.
2102. Vive le célibat.

LE PHONOGRAPHE
chez le coiffeur

En attendant votre tour, écoutez-moi ce chef-d'œuvre :

" La valse des propriétaires "

On se croirait au concert, ma foi !

Chansons
et Chansonnettes
(SUITE)

Répertoire Duclerc

N°

2110. Aujourd'hui, autrefois.
2111. Allume, allume.
2112. Ah ! Margot.
2113. All right.
2114. La Belle gitana.
2120. Les Cigarières.
2121. Les Chauffeuses d'automobiles.
2122. Dans le demi-monde.
2125. Les Épatants.
2126. Ling à Ling.
2130. Moi j'en veux, y m'en faut.
2131. Miss Régiment.
2132. Mon picador.
2133. Le Monôme des Écoles.
2140. La Noce des nez.
2141. L'Orphéon des cocus.
2142. Les Petits tableaux vivants.
2145. Les Petites minettes.
2146. Si on s'rait des hommes.
2147. Tamaraboum de ay.
2150. Un mètre de long.
2155. Un petit vieux bien propre.
2156. Voilà la femme.
2157. Vive les trottins.

Chansons
et Chansonnettes
(SUITE)

Répertoire Charlus

Nᵒˢ

2162. Au restaurant de Cupidon.

2163. Au bord de l'onde.

2164. L'Amour à la vapeur.

2165. Allo, allo !

2166. Adèle, t'es belle.

2167. As-tu vu la brosse ?

2175. Cocotte.

2176. La Culotte du menuisier.

2177. Chanson chaste.

2178. Ce que rêvent les hommes.

2179. Chez la marquise.

2180. Le Choix d'un domestique.

2190. Devant l'objectif.

2191. Le Distrait.

2192. Le Doigt de Saint-Machin.

2193. Les Deux hôtelières.

2200. La Génisse à Jenny.

2201. Hue ! cocotte.

2202. Je fais sentinelle.

2203. Je vous y prends.

2204. La Marche des vieux tableaux.

2205. Mesdames, si vous vouliez.

2206. La bonne petite dame.

2207. Le ménage Benoît.

Chansons

et Chansonnettes

(SUITE)

~~~~~~~~~~

Répertoire Charlus *(Suite)*

Nᵒˢ

2208 . Un miracle.

2230 . Ma chère, si tu savais.

2231 . Mon pensionnaire.

2232 . La Leçon de billard.

2233 . Ni trop, ni trop peu.

2240 . Où va la femme ?

2241 : La Polka des œufs sur le plat,

2242 . Petite promenade.

2243 : Premiers débuts.

2250 : Le Roman de la rue de la Lune

2251 : La Sonnerie d'alarme.

2260 . Un coup de soleil.

2261 . Une maison tranquille.

2262 . Vieille fille.

2270 . La Visite du commissaire.

~~~~~~~~~~

Demandez

L'ALBUM-TARIF ILLUSTRÉ

DES

Phonographes et Graphophones

Chansons
et Chansonnettes
(SUITE)

Répertoire Fragson

Nᵒˢ

2271. Les Amants parisiens.

2272. L'Anglaise.

2273. Adieu Grenade.

2274. L'Assassin de son père.

2280. Les Blondes.

2281. Les Brunes.

2282. La Coquille.

2283. Les Demi-vierges.

2284. L'Éternellement vrai

2285. Les Étapes féminines.

2286. La Femme parfaite.

2290. Le Flegme.

2291. Flagrant délit.

2292. Les Grandes vedettes

2293. Les Héritiers.

2295. Les Honnêtes gens.

2300. Journée de jolie femme

2301. Les Nichons parisiens.

2305. Les Policemens.

2310. Les Pharmaciens

2311. Simples aveux.

2312. Sa famille.

2313. Les Soucoupes

2320. Vertus de femme.

Chansons

et Chansonnettes

(SUITE)

Duos comiques

Nᵒˢ

2321. Bois-sans-soif et Bec-Salé.
2322. Les Chevaliers du guet.
2323. Dufignard et Groslardon.
2324. Les Deux pochards.
2325. Les Gendarmes à pied.
2326. En dodelinant de la tête.
2327. Les Gascons.
2328. Nous avons levé le pied.
2329. Paigrio et Barbotto.
2330. Soufflavide et Grattamort.
2331. Les Saisons poético-réalistes.

LE PHONOGRAPHE AUTOMATIQUE
à 10 centimes

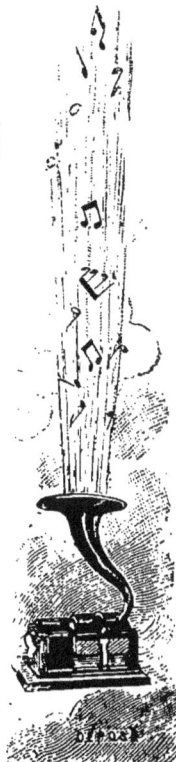

Chansons
et Chansonnettes
(SUITE)

Répertoires divers

Nᵒˢ

2340. L'Anglais parisien.
2341. L'Apparition.
2342. Après le déluge.
2343. Les Amis de Monsieur.
2344. L'Amour est si bon.
2346. L'Amour n'aime pas le froid.
2347. A mon Italienne.
2348. A la frontière des Alpes.
2350. Le Bavard.
2352. Ballade du Pochard.
2353. Bouderie d'amoureux.
2354. La Bouquetière des courses.
2355. Bébé.
2357. La Chasse est ouverte.
2358. Le Conseiller des demoiselles.
2359. Le Conseil animal.
2362. La Commission.
2363. Chez la modiste.
2365. C'est toi, c'est moi.
2366. Le Curé de Nanterre.
2367. Ce qui m'intrigue.
2368. Le Chat de Pauline.
2369. Promenade sous bois.
2370. Le Fromage-marche.

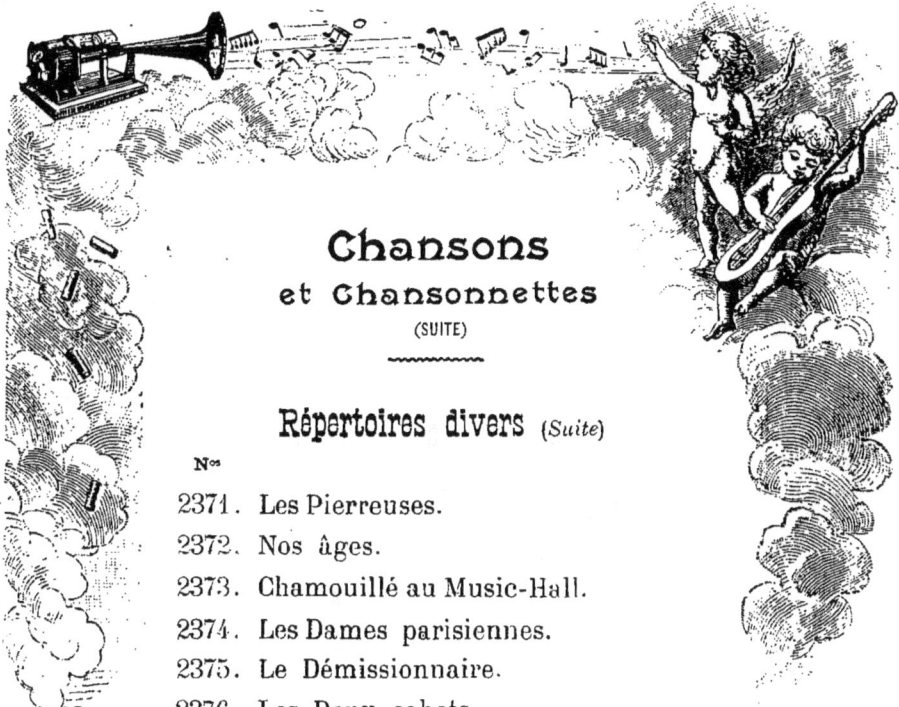

Chansons
et Chansonnettes
(SUITE)

Répertoires divers (*Suite*)

Nᵒˢ

2371. Les Pierreuses.

2372. Nos âges.

2373. Chamouillé au Music-Hall.

2374. Les Dames parisiennes.

2375. Le Démissionnaire.

2376. Les Deux cabots.

2377. Dernière culotte.

2378. La Dahoméenne.

2380. Devant la colonne Vendôme.

2381. Le Dompteur.

2382. Le Départ des bleus.

2384. Est-il bête, c't'animal-là !

2386. Elle m'a lâché.

2387. Facteur et Rosière.

2388. Flanelle.

2389. Les Femmes suaves.

2390. La Femme tatouée.

2391. La Fauvette infidèle.

2392. Faux ménage de rossignols

2393. Fiers Alpins.

2394. Fleurs et plumes.

2395. La Goule.

2396. La Gosse à ma tante.

2398. Garçons à marier.

2399. L'Habilleuse.

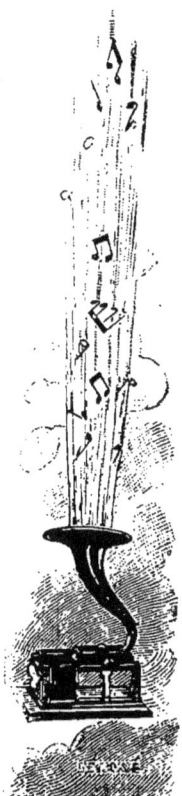

Chansons
et Chansonnettes
(SUITE)

Répertoires divers *(Suite)*

N°

2400. Il pleut des caresses.

2402. Je suis câline.

2403. Les Jeux à tous les âges.

2407. La Légende des trois cavaliers.

2408. Lon lon la.

2409. Mobilier de garçonnière.

2410. Mon grand-père.

2413. Ma cousine de Paris.

2414. La Marche des Parisiens.

2415. La Marmite.

2416. Le Monde en sept jours.

2417. La Montre à Ninette.

2418. Marche Russe.

2420. Ma petite Michette.

2421. Mon gosse.

2422. Les Monômes.

2423. Marche des Gigolos.

2424. Nicolas et Toinon.

2425. La Noisille.

2426. Les Trois pèlerins.

2429. Nos camarades.

2430. La Poitrine.

2431. La Pâlotte.

2434. Le Père Barbançon.

2437. Pistache-Polka.

Chansons
et Chansonnettes
(SUITE)

Répertoires divers (Suite)

Nos

2438. Polyte (Parodie de Mireille).

2439. Pas curieux.

2441. La Polka des fossettes.

2442. Les Péchés de Brigitte.

2443. Le Page amoureux.

2444. Les Passants,

2446. Pour faire quelque chose.

2447. Quand on a travaillé.

2448. Qualificatif.

2449. Le Rideau de Catherine.

2450. Les Rouleaux de papier.

2451. Le Refrain du merle.

2452. Le Rappel des maris.

2453. Les Rastas.

2457. Recettes utiles.

2458. Rosette la blanchisseuse.

2459. Simples recettes.

2460. La Sale rosse.

2462. La Sœur de l'orphéoniste.

2463. Sérénade d'elle à lui.

2464. Les Saisons amusantes.

2465. Le Secret des femmes.

2468. Salut au drapeau.

2469. Tripière et Tambour-major.

2471. Tout à deux sous.

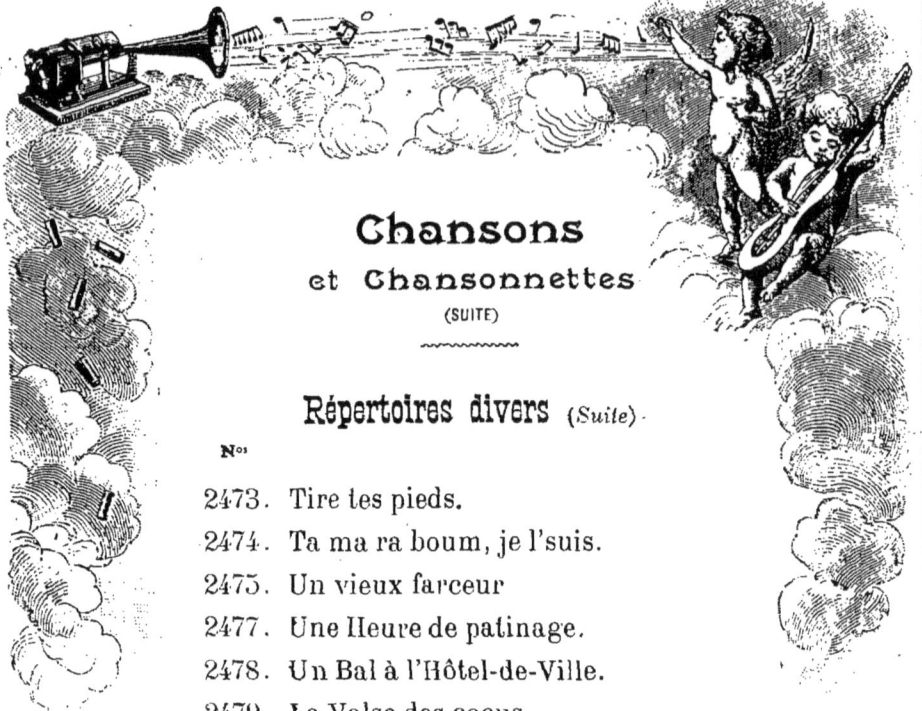

Chansons
et Chansonnettes
(SUITE)

Répertoires divers (Suite)

Nᵒˢ

2473. Tire tes pieds.

2474. Ta ma ra boum, je l'suis.

2475. Un vieux farceur

2477. Une Heure de patinage.

2478. Un Bal à l'Hôtel-de-Ville.

2479. La Valse des cocus.

2480. Les Vieux abonnés.

2481. La Valse des chopines.

2482. Verse, ma vieille.

2483. Vive les fins-de-siècle.

2484. La verdi, la verdon.

Fin des
Chansons et Chansonnettes

Voir page 94

Les Chansonniers montmartrois

MONOLOGUES COMIQUES

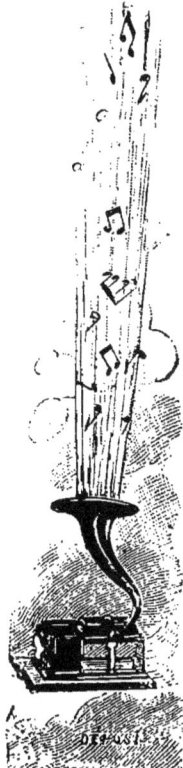

Monologues comiques

(SUITE)

Monologues comiques

(SUITE)

N°

2580. Le Protocole à Bibi.
2581. Les Proprios.
2582. Le Prospectus.
2583. Le Père et l'Enfant.
2584. Le Petit croupion.
2585. Le Placier alsacien.
2586. Poulopot.
2587. Pop : Pop :!!
2588. Les Papiers.
2589. Le Perroquet de ma femme.
2590. Pour une culotte.
2591. Le petit Chaperon rouge.
2600. Le Poivrot socialiste.
2601. Qu'est-ce que c'est donc q'ces manières-là.
2602. Le Q de Catherine.
2603. Le Rêve de Monsieur Chlagtrof.
2610. Sales pip'lets.
2611. Le Sabre du colonel.
2612. Si qu'on serait comme eux.
2613. Le Tour de la cuillère.
2615. T'as les palmes académiques.
2616. Un drame sur le P.-L.-M.
2617. Un bon demi-setier.
2618. La Visite du major.
2619. Y a quelque chose.
2620. Y a plus rien.
2621. Y a que les riches.
2622. Zoologie.

CHANSONNETTES

Répertoire des Cabarets Montmartrois

Chansonnettes

(SUITE)

Répertoire Montmartrois (Suite)

Nᵒˢ

2694. Le Faux bohême (A. Barde).

2695. La Femme esthète (A. Barde).

2700. Les Halles (V. Meusy).

2701. L'Honnête homme (A. Barde).

2706. Lettre d'un mari trompé.

2707. Le Larbin (A. Barde).

2712. L'Hôtel du Nᵒ 3 (Xanrof).

2713. Mépris (M. Legay).

2714. La Meunière du joli moulin (Teulet).

2717. Notre-Dame de Lourdes (Lemercier).

2718. Les Nichons (Lemercier).

2719. L'Ouvreuse (M. Lefebvre).

2720. L'Optimiste (Lemercier).

2721. On dirait que c'est toi (E. Lemercier).

2726. Pourquoi files-tu ? (M. Legay).

2727. Le Printemps rose (Teulet).

2728. Plaisirs Montmartrois (Lemercier).

2729. La Pièce en plomb (E. Lemercier).

2730. Le Petit rentier (A. Barde).

2735. Le Restaurant à 23 sous (Xanrof)

2736. Rupture (Xanrof).

2737. Les Rastas (Poncin).

2738. Représailles (A. Barde).

2741. Surprise désagréable (Lemercier).

2742. Son amant (Teulet).

2743. Le Snob (A. Barde).

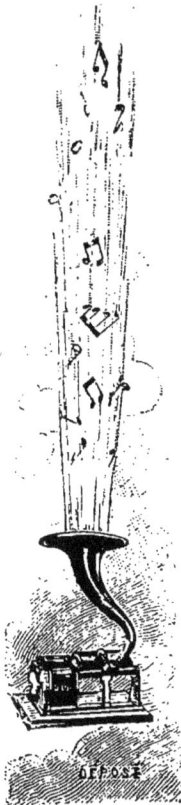

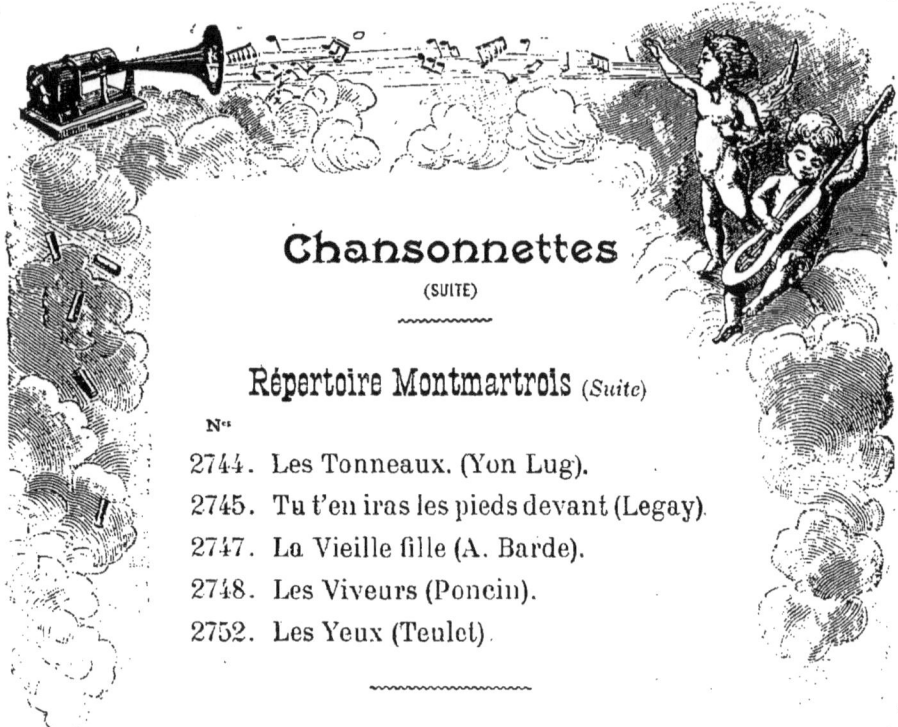

Chansonnettes

(SUITE)

Répertoire Montmartrois (*Suite*)

Nᵒˢ

2744. Les Tonneaux. (Yon Lug).

2745. Tu t'en iras les pieds devant (Legay).

2747. La Vieille fille (A. Barde).

2748. Les Viveurs (Poncin).

2752. Les Yeux (Teulet).

LE PHONOGRAPHE
dans ma chambre d'hôtel

Une machine polyglotte, voilà une idée merveilleuse !

Que c'est drôle, ces chansons de Montmartre !.......

Quel génie !

DÉCLAMATION

Poésies, Récits, etc., etc.

N°

2781. L'Appel après le combat.

2782. L'Année terrible (Victor Hugo).

2783. Andromaque.

2784. A Guillaume II.

2785. Bâtard.

2786. Barbier de Séville.

2787. La Bénédiction des drapeaux.

2788. Le Chien de l'aveugle.

2789. Cyrano de Bergerac (Rostang)

2790. Le Chemineau (J. Richepin).

2791. Le Cid (Corneille).

2792. La Conscience (Victor Hugo).

2793. Le Dernier marin du Vengeur.

2794. L'Enfant de Paris.

2795. L'Épave (François Coppée).

2796. Fureur d'Oreste (Racine).

2797. La Grève des Forgerons (F. Coppée).

2798. Honneur et Patrie.

2799. Hamlet (Lacroix).

2800. Hernani (Victor Hugo).

2801. Horace.

2802. Imprécations d'Athalie (Racine).

2803. Le Jeune Alsacien.

2804. La Lettre de l'enfant.

2805. L'Empereur.

2806. Le Marsouin.

Poésies, Récits, etc

(SUITE)

N°

2807. La Martyre (J. Richepin).

2808. Monsieur de Pourceaugnac (Molière).

2809. Le Malade imaginaire (Molière).

2810. La Mort du Christ (Lamartine).

2820. Madame Sans-Gêne.

2821. Le Naufragé.

2822. Œdipe roi.

2823. Ode au drapeau.

2824. Phèdre.

2825. Les Pompiers (Burani).

2826. Pour les pauvres (Victor Hugo).

2827. La Robe (A. de Musset).

2828. Le Retour de l'Empereur (V. Hugo).

2829. Le Revenant (Victor Hugo).

2830. Le Roi s'amuse (Victor Hugo).

2831. Ruy Blas (Victor Hugo).

2832. Sedan (Victor Hugo).

2833. Songe d'Athalie.

2834. Severo Torelli (François Coppée).

2835. Tartuffe (Molière).

2836. Waterloo (Victor Hugo).

COMPLIMENTS
POUR ENFANTS

COMPLIMENTS
à l'occasion du Jour de l'An

N.

2900. Compliments pour Père et Mère.
2901.   —   — Grand - père et
                              Grand' - Mère.
2902.   —   — Oncle et Tante.
2903.   —   — Frère et Sœur.
2904.   —   — Cousin et Cou-
                              sine.
2905.   —   — Parrain et Mar-
                              raine.

COMPLIMENTS
à l'occasion de fête & anniversaire

Nos

2906. Compliments pour Père et Mère.
2907.   —   — Parrain et Mar-
                              raine.
2908.   —   — Oncle et Tante.
2909.   —   — Bienfaiteur.

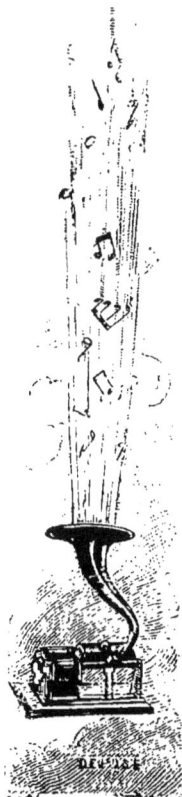

CHANSONS ENFANTINES

N.

2920. Polichinelle.
2921. Ah ! mon beau château.
2922. Nous n'irons plus au bois.

Chansons enfantines
(SUITE)

N°

2923. Petit papa.

2924. Petit poupon.

2925. La mère Michel.

2926. J'ai du bon tabac.

2927. Cadet Rousselle.

2928. Il pleut bergère.

2929. Au clair de la lune.

2930. Fais dodo.

2931. Le roi Dagobert.

2932. Il court le furet.

2933. Giroflé-Girofla.

CANTIQUES

N°

2950. Il est né le divin enfant.

2951. Je mets ma confiance.

2952. D'une mère chérie.

2953. O ! saint autel.

2954. Vive Jésus.

2955. Tout n'est que vanité.

2956. Hélas ! quelle douleur.

2957. O ! roi des Cieux.

2958. Par les chants les plus magnifiques.

2960. Esprit-Saint descendez en nous.

2961. Au sang qu'un Dieu va répandre.

2962. Bénissons à jamais.

2963. Unis au concert des anges.

2964. Reviens pêcheur.

DISCOURS DIVERS

❧

N°

3000. Discours de M. Carnot, à Lyon.

3001. Discours de M. Félix Faure, en Russie.

3002. Discours de M. Félix Faure, à Saint-Etienne.

3003. Discours du Révérend Père Olivier, à Notre-Dame.

LE PHONOGRAPHE
pour perpétuer la parole des bienfaiteurs de l'humanité

C'est bien la voix de notre regretté Président quelques heures avant sa triste fin.

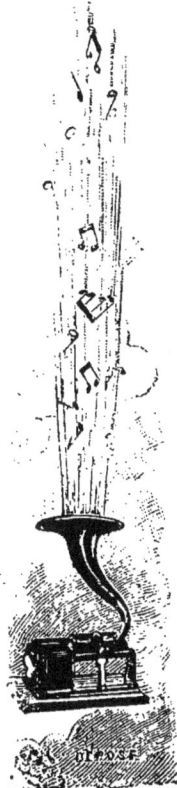

FABLES DIVERSES

3020. L'Ane et les Voleurs.
3022. Les Animaux malades de la peste.
3024. La Cigale et la Fourmi.
3026. Le Chêne et le Roseau.
3028. Le Corbeau et le Renard.
3030. Le Coche et la Mouche.
3032. La Colombe et la Fourmi.
3034. Les Femmes et le Secret.
3036. L'Huître et les Plaideurs.
3038. Le Laboureur et ses enfants.
3040. Le Lièvre et la Tortue.
3042. Le Lion et le Moucheron.
3044. Le Lion et le Rat.
3050. Le Petit Poisson et le Pêcheur.
3060. Le Pot de terre et le Pot de fer.
3062. La Poule aux œufs d'or.
3064. Le Renard et les Raisins.
3066. Le Rat de ville et le Rat des champs.
3068. Le Serpent et la Lime.
3070. Ulysse (Les Compagnons d').

Demandez

L'ALBUM-TARIF ILLUSTRÉ

DES

Phonographes et Graphophones

PARIS, 98, rue Richelieu. PARIS

ORCHESTRES

HYMNES NATIONAUX

N°

4000. La Marseillaise.

4001. Hymne Russe.

4002. — Hollandais.

4003. — Portugais.

4004. — Norvégien.

4005. — Belge.

4006. — Anglais.

4007. — Américain.

4008. — Prussien.

4009. — Italien.

4010 — Allemand.

4011. — Suédois.

4012. — Bavarois.

4013. — Suisse.

4014. — Danois.

4015. — Espagnol.

4016. — Roumain.

4017. — Turc.

4018. — Brésilien.

4019. — Chilien.

4020. — Péruvien.

4021. — Chinois.

4022. — Japonais.

4023. — Luxembourgeois.

Orchestres

AIRS NATIONAUX

N°·
4050. Chant du Départ.
4051. Chant des Girondins.
4052. Hymne de Garibaldi.
4053. Air Allemand.
4054. Marche royale Italienne.
4055. Air Mexicain.
4056. Air Autrichien.
4057. Air Portugais.
4058. Air Espagnol.
4059. Air Suédois.
4060. Air Norvégien.
4061. Air Prussien.
4062. Air Sarde.
4063. Air Américain.
4064. Air Irlandais.
4065. Air Polonais.
4066. Air Russe.
4067. Air Belge.

LE PHONOGRAPHE AU CAMP

Ce chant patriotique a fait le tour du monde.

Orchestres

OUVERTURES

N^{os}

- 5000. Cavalerie légère (Suppé).
- 5001. Le Caïd (Rossini).
- 5002. Domino noir (Auber).
- 5003. La Dame blanche (Boïeldieu).
- 5004. Les Diamants de la couronne (Auber).
- 5005. La Dame de Pique (Suppé).
- 5006. Egmont (Beethoven).
- 5007. Guillaume Tell (Rossini).
- 5008. Poète et Paysan (Suppé).
- 5009. Si j'étais roi (Adam).
- 5010. Grande-duchesse (Auber).
- 5011. Italienne à Alger (Rossini).
- 5012. Giralda (Adam).
- 5013. La Muette de Portici (Auber).
- 5014. Giroflé Girofla (Lecocq).
- 5015. Noces de Figaro (H...).
- 5016. Noces de Jeannette (Massé).
- 5017. Fra Diavolo (Auber).
- 5018. L'Ombre (Flotow).
- 5019. La Part du Diable (Auber).
- 5020. Le Pardon de Ploërmel (Meyerbeer).
- 5021. Le Pré aux Clercs (Hérold).
- 5022. Petit Faust (Hervé).
- 5023. Poupée de Nuremberg (Adam).
- 5024. Obéron (Weber).
- 5025. Serments (Auber).

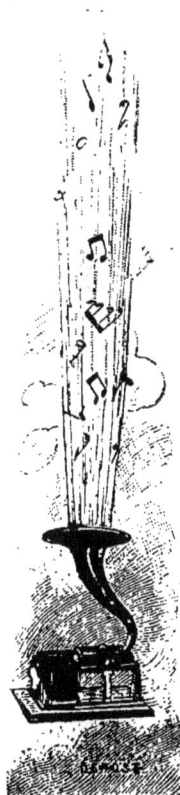

Orchestres

OUVERTURES (Suite)

Nᵒˢ

5026. Val d'Andorre (H...).
5027. Zampa (Hérold).
5028. Le Kalife de Bagdad.
5029. La Bohémienne.
5030. Le jeune Henri.
5031. Fra Diavolo.
5032. Fidelios.

FANTAISIES

5060. L'Arlésienne. *Prélude* (Bizet).
5061.　　—　　*Menuet.*
5062.　　—　　*Intermède.*
5063.　　—　　*Carillon.*
5064.　　—　　*Farandole.*
5065.　　—　　*Pastourelle.*
5066. Aïda (Verdi).
5067. L'Africaine (Meyerbeer).
5068. Airs Espagnols (Verdi).
5069. Bohémiens (Verdi).
5070. Brigands (Verdi).
5071. Le Bal masqué.
5072. Bijou perdu.
　　　 Hamlet (ballet) (A. Thomas).
5073.　　—　　*Pantomine.*
5074.　　—　　*Pas des chasseurs.*
5075.　　—　　*Valse-Mazurka.*

Orchestres

FANTAISIES (*Suite*)

N°⁵

Hamlet (ballet) (A. Thomas).
5076.   —   *La Freya.*
5077.   —   *Strette final.*
5078. Le Barbier de Séville (Rossini).
5079. Le Cid (Massenet).
5080. Les Contes d'Hoffmann (Offenbach).
5081. Coupe du roi de Thulé (Gounod).
5082. Charles VI (Halévy).
5083. Carmen (Bizet).
5084. Cloches de Corneville (Planquette).
5085. Cavaleria Rusticana.
5086. Boccace (Suppé).
5087. Le Cœur et la Main (Lecocq).
5088. Danses Bohémiennes (Le Tasse).
5089. Cheval de bronze (Auber).
5090. Don Juan (Mozart).
5091. Danses macabres (Saint-Saëns).
5092. Dragons de Villars.
5093. Domino noir (Auber).
5094. Ernani (Verdi).
5095. Étoile du Nord (Meyerbeer).
5096. Elézire d'amor (Donizetti).
5097. La Favorite (Donizetti).
5098. La Fille du régiment (Donizetti).
5099. La Fille du tambour-major (Offenbach).
5100. François-les-bas-bleus.

Orchestres

FANTAISIES *(Suite)*

Orchestres

FANTAISIES (Suite)

Nᵒˢ

5125. Les Noces de Jeannette (Massé).
5126. Noces des Marionnettes (Turin).
5127. La Navarraise (Massenet).
5128. La Paloma.
5129. Le Prophète (Meyerbeer).
5130. Le Petit Duc (Lecocq).
5131. Pas des Marionnettes.
5132. Rigoletto (Quatuor) (Verdi).
5133. Reine de Chypre (Halévy).
5134. Roméo et Juliette (Gounod).
5135. Robert-le-Diable (Meyerbeer).
5136. Sémiramis (Rossini).
5137. Sérénade hongroise (Joncières).
5138. Scènes hongroises (Massenet).
5139. Suite algérienne (Saint-Saëns).
5140. Scènes napolitaines (Sellenick).
5141. Sur le lac (Rêverie).
5142. Sur la montagne.
5143. La Traviata (Verdi).
5144. Le Trouvère (Verdi).
5145. La Troyenne (Massenet).
5146. La Timbale d'argent (Offenbach).
5147. Tannhauser (Wagner).
5148. Si j'étais roi (Adam).
5149. Grand air du Chalet (Adam).
5150. Duo du Chalet (Adam).

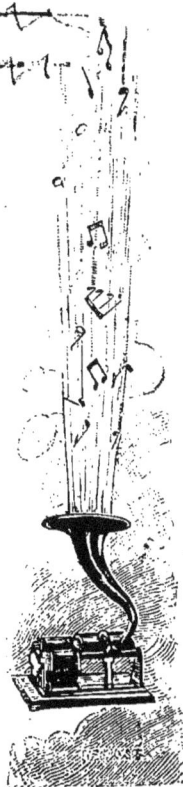

Orchestres

FANTAISIES *(Suite)*

Nᵒˢ

5151. Rigoletto : Comme la plume au vent (Verdi).
5152. Le Carnaval de Venise (Génin).

MARCHES DE CONCERT

5350. Athalie (Mendelssohn).
5351. Algérienne (Saint-Saëns).
5352. Aïda (Verdi)
5353. David (Strobl).
5354. Dammation de Faust (Berlioz).
5355. Jeanne d'Arc (Gounod).
5356. Fatinitza (Suppé).
5357. Mes adieux à la Hongrie (Farbach).
5358. Marche Turque (Mozart).
5359. Marche Parisienne.
5360. 1ʳᵉ Marche aux flambeaux (Meyerbeer).
5362. 2ᵉ — —
5363. 3ᵉ — —
5364. 4ᵉ — —
5365. Marche Persane (Strauss).
5366. Marche de Rodolphe (Gung'l).
5367. Reine de Saba (Gounod).
5368. Schiller (Meyerbeer).
5369. Troyenne (Berlioz).

Orchestres

MUSIQUE RELIGIEUSE

Nᵒˢ
6000. Andante religieux.
6001. Andante de la Symphonie en sol (Haydn).
6002. Adagio de la Sonate pathétique (Beethoven).
6003. Chœur de Judas Machabée (Haendel)
6004. Adagio (Beethoven).
6006. Pâques (Mendelsshon).
6007. Noël   dᵒ
6008. Prière du matin (Kling).
6009. Stabat Mater (Blancheteau).
6010. Prière de Moïse (Mozart).
6011. O salutaris (Lefèvre).
6012. Agnus Dei   dᵒ

LE PHONOGRAPHE
au couvent

Cet appareil repose l'esprit et élève l'âme.

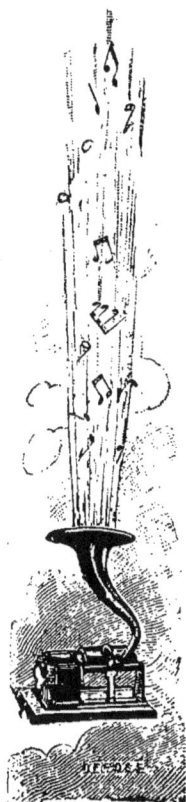

Orchestres

MARCHES MILITAIRES

N^{os}

6020. Aux armes (Bosc).

6021. A l'Est, veillez! (Arnoux).

6022. Compiégnois (X...),

6023. Chanson de fantassin (Perlat).

6024. Cadets de Russie (Sellenick).

6025. Corsaire (Beer).

6026. Coco.

6027. Danton-le-Grand (Adriet).

6028. En vacance.

6029. En liesse (Turin).

6030. En avant (Menzel).

6031. En bon ordre (Petit).

6032. El Picador (Génin).

6033. Chanson de route.

6034. En revenant de la revue.

6035. Farfadet (Sellenick).

6036. Fives-Lille (Sellenick).

6037. Fringant (Sellenick)

6038. Garde noble (Schramel).

6039. Garde mobile (Fabre).

6040. Le Géant (Robert).

6041. Honneur aux braves (Durieu).

6042. Le Héros (Suzanne).

6043. Joyeux fantassin (Goueytes).

6044. Le Lorrain (Leroux).

6045. Lisieux (Signard).

Orchestres

MARCHES MILITAIRES (Suite)

Nᵒˢ

6046. Léopold II (Christophe).

6047. Liberty Beel (Souza).

6048. Lune de miel (Rosey).

6049. Le Défilé de la Garde (Wettge).

6050. Le Père la Victoire.

6051. Les Adieux au 63ᵉ de ligne.

6052. Les Pupilles de la marine.

6053. La Retraite.

6054. Marche des drapeaux (Sellenick).

6055. Marche des Mousquetaires (Konnemann).

6056. Marche des cochers viennois (Neidpart).

6057. Malakoff (Breptaut).

6058. Marche Lorraine (Ganne).

6059.   —   Russe (Ganne).

6060.   —   Viennoise.

6061.   —   Lilloise.

6062.   —   des Saint-Cyriens.

6063.   —   Indienne (Sellenick).

6064.   —   des Lycéens.

6065. Marche des Petits Pierrots.

6066.   —   Sempio Fidelis.

6067.   —   Cosaque.

6068. Parisienne.

6069. Robin des Bois.

6070. Salut à l'aigle russe.

6071. Serrons nos rangs.

6072. Salut à Copenhague.

Orchestres

MARCHES MILITAIRES *(fin)*

N°ˢ

6073. Sambre-et-Meuse.

6074. Valeur française.

6075. Pot-Pourri.

6076. Voltigeurs de la Garde.

6077. Vosgienne.

6078. Quand on a travaillé.

6079. Washington.

6080. Zouave.

6081. Marche asiatique.

6082. En Bourgogne.

LE PHONOGRAPHE
chez un puissant roi africain

Cette marche a fait le tour du monde !

Orchestres

MARCHES AMÉRICAINES

N⁰ˢ

7050. Washington Post.

7051. Corn Cracker Dance.

7052. America.

7053. Centennial March.

7054. El Capitan March.

7055. Americain.

7056. Directorate March

7057. Dixie.

7058. Liberty Bell March.

7059. King Cotton March.

7060. Mannaechor March.

7061. Mortons Cadets, March.

7062. La Manana (Chilian dance unique).

7063. Midway Plaisance Medley.

7064. Mahattan Beach March.

7065. Little Marcia Marie Polka

7066. Nearer, My God To Thee.

7067. Hail to the chief.

7068. Handicap March

7069. Honeymoon March

7070. Edison Polka.

7071. My Pretty Peggy (cornet-solo).

7072. The Directorate March.

7073. Chicago

7074. Boston Commandery March (Introducing).

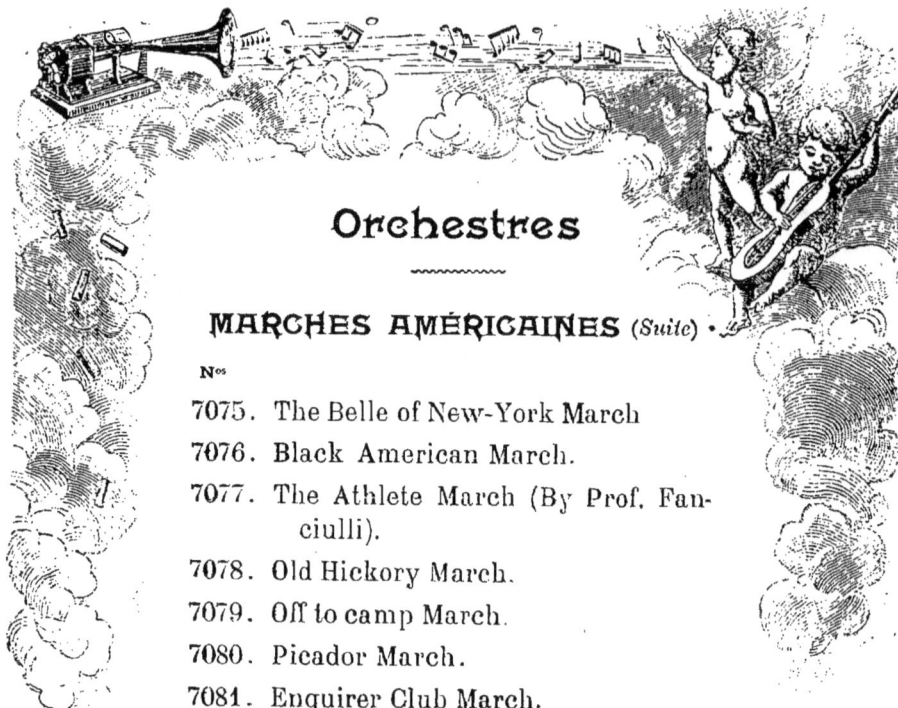

Orchestres

MARCHES AMÉRICAINES (Suite)

Nos

7075. The Belle of New-York March
7076. Black American March.
7077. The Athlete March (By Prof. Fanciulli).
7078. Old Hickory March.
7079. Off to camp March.
7080. Picador March.
7081. Enquirer Club March.
7082. The Star Spangled Banner.
7083. Reeve's March.
7084. Tandem Two Step
7085. On the Seashore Waltz.
7086. Stars and Stripes Forever March.
7087. Olympia March.
7088. Victory Polka.
7089. Max Salabert.
7090. Danse du ventre.
7091. Rainbow Dance.
7092. Spanish Fandango (With castanets)
7093. Spanish Dace.

Demandez

L'ALBUM-CATALOGUE

DES

Phonographes et Graphophones

98, rue Richelieu. — PARIS

Orchestres

MUSIQUE DE DANSES

GAVOTTES

MENUETS, PAVANES

N^{os}

7200. Amour discret.

7201. Cœur brisé (Tavan).

7202. Chanson arabe (Ranski).

7203. Chrysanthème (Grillet).

7204. Dernier Amour (Gung'l).

7205. Danse annamite (Maquet).

7206. Dans un rêve (Maquet).

7207. Dernier sommeil de la Vierge (Massenet).

7208. Divertissement militaire (Gung'l).

7209. Gavotte Ninon (Haring).

7210. — de Jeddor (Haring).

7211. — Watteau (Wetge).

7212. Menuet Bocherini (Bocherini)

7213. Madrigal François Ier (Ranski).

7214. Menuet Manon (Massenet).

7215. Loin d'elle (Rêverie) (Sibulka).

7216. Pavane Louis XIII (Parès).

7217. — Louis XV (Tavan).

7218. Petite Marquise (Bertain).

7219. Princesse Stéphanie (Sibulka).

Orchestres

VALSES

Orchestres

VALSES (Suite)

Nos

7277. Hésitation (Bucalossi).

7278. La Houssarde (Ganne).

7279. La Nuit (O. Métra).

7280. Le Beau Danube bleu (Strauss).

7281. La Gitana.

7282. Loin du bal.

7283. Le Roi malgré lui (Chabrier).

7284. Lune de miel (Waldteufel).

7285. L'Orient (Métra).

7286. Modestie (Waldteufel).

7287. Madame Boniface (Leroux).

7288. Ma charmante (Waldteufel).

7289. Marguerite.

7290. Les pensées (Bakfort).

7291. La Neige (O. Métra).

7292. Nuits d'amour (Bonheur).

7293. Les Cent Vierges.

7294. Près de toi (Waldteufel).

7295. Papillon bleu (Waldteufel).

7296. Rose du ciel.

7297. A Séville (Espagnol).

7298. Sur la montagne.

7299. Souvenir à Joseph Strauss (Farbach)

7300. Toast à l'Alsace.

7301. Toujours ou jamais (Waldteufel).

7302. Santiago (Corbin).

7303. Valse des bas noirs.

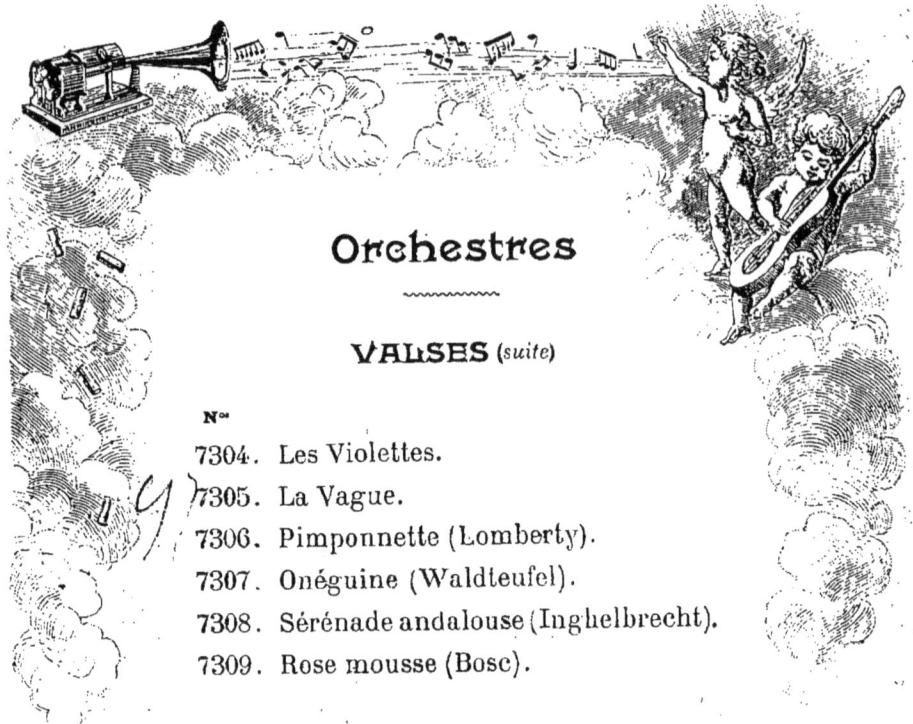

Orchestres

VALSES (suite)

Nos

7304. Les Violettes.
7305. La Vague.
7306. Pimponnette (Lomberty).
7307. Onéguine (Waldteufel).
7308. Sérénade andalouse (Inghelbrecht).
7309. Rose mousse (Bosc).

LE PHONOGRAPHE
pour la danse

DÉPOSE

Plus de victime pour tenir le piano, le Phonographe tient lieu d'orchestre.

Orchestres

SCHOTTISCHS

N°
7550. Amitié.
7551. Blanche de Castille (Bléger)
7552. Belle andalouse (Diaz).
7553. Le Carillon (Corbin).
7554. Juliette (Boisson).
7555. Patrie (Lamothe).
7556. Petits pierrots (Corbin).
7557. Parfumeuse (Bléger).
7558. Perruche et Perroquet (Corbin).
7559. Princesse mignonne (Corbin).

POLKAS

7800. Arbre de Noël (Waldteufeld).
7801. Bagatelle (Waldteufeld).
7802. Bella Bocca (Waldteufeld).
7803. Les Bohémiens (Waldteufeld).
7804. Camarade (Waldteufeld).
7805. Les Clowns (O. Métra).
7806. Châteaux en Espagne (Waldteufeld).
7807. La Cinquantaine (Waldteufeld).
7808. En garde (Waldteufeld).
7809. L'Esprit français (Waldteufeld).
7810. Elle et lui (Strobl).
7811. Estudiantina (O. Métra).
7812. L'Etincelle (O. Métra).
7813. En tramway (Coquelet).

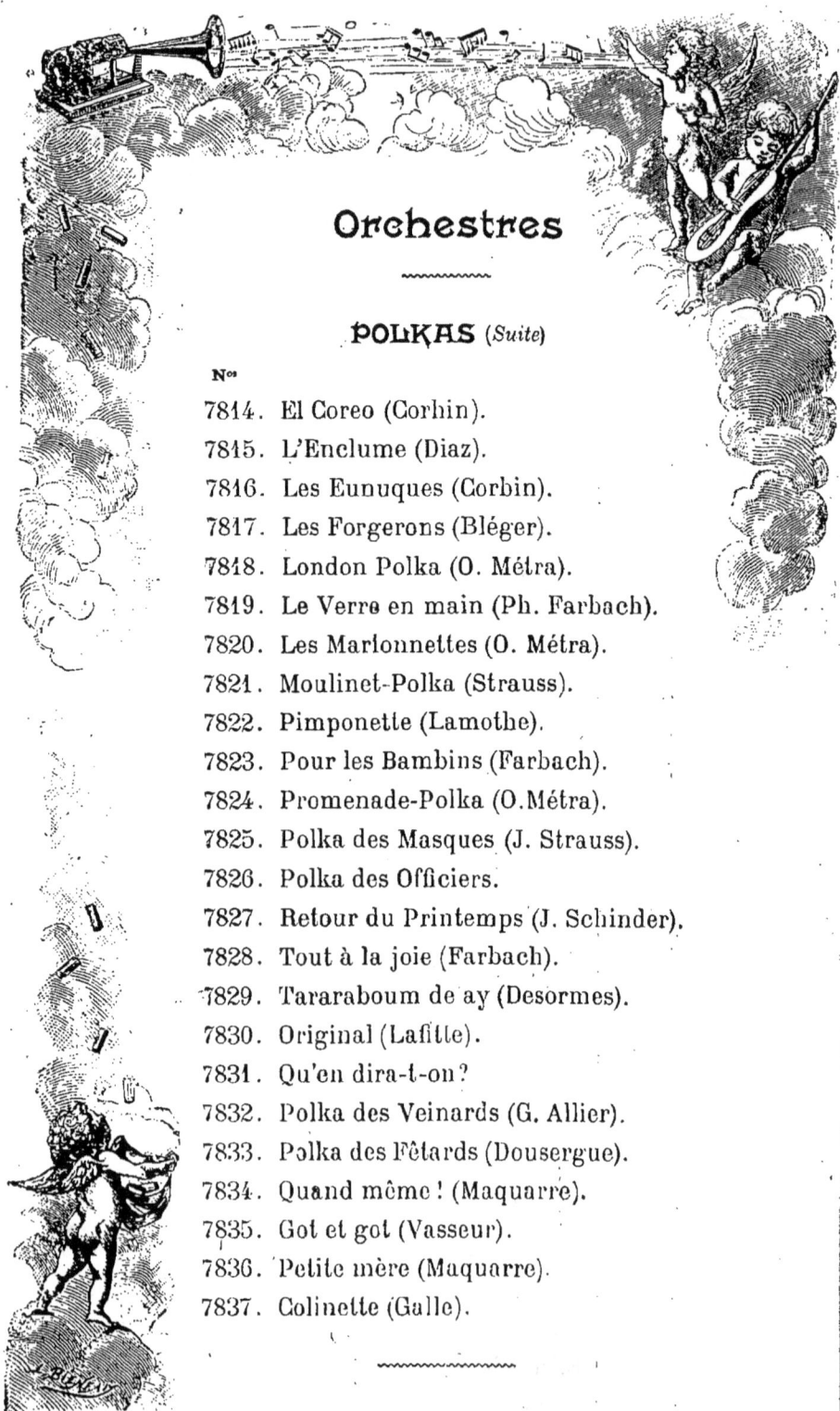

Orchestres

POLKAS (*Suite*)

7814. El Coreo (Corbin).

7815. L'Enclume (Diaz).

7816. Les Eunuques (Corbin).

7817. Les Forgerons (Bléger).

7818. London Polka (O. Métra).

7819. Le Verre en main (Ph. Farbach).

7820. Les Marionnettes (O. Métra).

7821. Moulinet-Polka (Strauss).

7822. Pimponette (Lamothe).

7823. Pour les Bambins (Farbach).

7824. Promenade-Polka (O. Métra).

7825. Polka des Masques (J. Strauss).

7826. Polka des Officiers.

7827. Retour du Printemps (J. Schinder).

7828. Tout à la joie (Farbach).

7829. Tararaboum de ay (Desormes).

7830. Original (Lafitte).

7831. Qu'en dira-t-on?

7832. Polka des Veinards (G. Allier).

7833. Polka des Fêtards (Dousergue).

7834. Quand même ! (Maquarre).

7835. Got et got (Vasseur).

7836. Petite mère (Maquarre).

7837. Colinette (Galle).

Orchestres

MAZURKAS

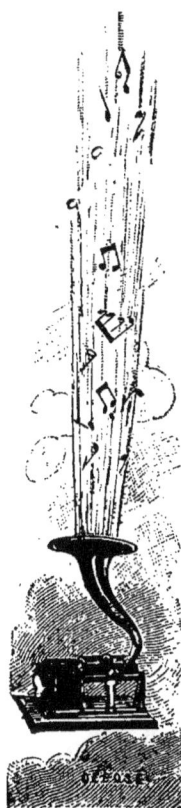

Orchestres

QUADRILLES

Nos

7950. A la campagne (O. Métra)

7951. Barberousse (O. Métra).

7952. Bravo Toro (Corbin).

7953. Bu qui s'avance (O. Métra).

7954. Coquelicot (O. Métra).

7955. La Camargo (O. Métra).

7956. Un bal à bord (Corbin).

7957. Le Diable au bal (O. Métra).

7958. Cronstadt (Pivet).

7959. Bouton d'Or (Witmann).

7960. Gaillard d'avant (O. Métra),

7961. Carmen (Bizet).

7962. La Mascotte (Audran).

7963. Orphée aux Enfers (Hervé).

7964. Tout feu, tout flamme (Corbin).

7965. La Vie parisienne (Grisart).

7966. Le Petit duc.

7967. Singe vert (O. Métra).

7968. La Cruche cassée (Vasseur).

7969. Fanfan-la-Tulipe (O. Métra).

7970. La fille de Madame Angot (Offen-bach.

7971. La jolie parfumeuse (Offenbach).

7972. Le jeu enfantin.

7073. Jacques Bonhomme.

7074. John Bull.

Orchestres

(SUITE)

QUADRILLES DES LANCIERS

N°

8000. Lanciers de la Closerie.

8001. Lanciers Polonais (Nehr).

8002. Lanciers Gentlemen.

8003. Lanciers Anglais (O. Métra).

8004. Lanciers Blancs (Mullot).

8005. The Lancers (Quadrille anglais)
(Corbin).

PAS DE QUATRE

8020. Born Danse (l'Originale).

8021. Royalty.

GALOPS

8030. Champagne (O. Métra).

8031. Express (Blancheteau).

8032. Hop, hop (Pirouelle).

8033. Galop japonais (O. Métra).

8034. En congé (O. Métra).

8035. Vif argent (Strauss).

8036. Furioso (Corbin).

8037. Lazzarones Danse (Maquet).

SOLOS
de Cornet à piston
Avec accompagnement de Piano

AIRS D'OPÉRA

N°ˢ

8050. Le Barbier de Séville.

8051. Le Bijou perdu.

8052. Les Dragons de Villars.

8053. Ernani.

8054. L'Étoile du Nord.

8055. L'Elezire d'Amore.

8056. La Fille du Régiment.

8057. François les bas bleus.

8058. La Fille du Tambour-Major.

8059. La Favorite.

8060. Fra Diavolo.

8061. La Fille de Madame Angot.

8062. Le Grand Mogol.

8063. Guillaume Tell.

8064. Galathée.

8065. Giroflé-Girofla.

8066. Les Huguenots.

8067. Jérusalem.

8068. La Muette de Portici.

8069. La Mascotte.

8070. Martha.

8071. Mignon.

8072. La Norma.

8073. Les Noces de Jeannette.

Solos de Cornet

(SUITE)

Nᵒˢ

8074. Le Pré-aux-Clercs.
8075. Le Prophète.
8076. Le Petit Duc.
8077. La Prière de Moïse.
8078. La Prière de la Muette de Portici.
8079. Roméo et Juliette.
8080. Robert le Diable.
8081. Si j'étais roi.
8082. Le Trouvère.
8083. La Traviata.
8084. Le Val d'Andorre.
8085. Sérénade Schubert.

AIRS DIVERS

8100. La Marseillaise.
8101. Hymne russe.
8102. El Crociato.
8103. La Tyrolienne.
8104. La Muette de Portici.
8105. Le Carnaval de Venise.
8106. Les Rameaux.
8107. All right.
8108. La Vie parisienne.
8109. Pas de Quatre.
8110. Santiago.

Solos de Cornet

(SUITE)

N°ⁱ

8111. Les Lanciers.

8112. L'OEil crevé.

8113. La Vague.

POLKAS

8150. Georgette (Wetge).

8151. Après la guerre (Marie).

8152. Lune de miel (Marie).

8153. L'étoile d'Angleterre (Lamothe).

8154. Belle étoile.

8155. Madeleine (Petit).

8156. Messager d'amour (Witmann).

8157. La Motengote (Sellenick).

8158. Paye les dettes (Pillevestre).

8159. Odette (Labet).

8160. Pluie de Perles (Goueytes).

8161. Rigoletto (Witmann).

8162. L'écho des concerts (Ziégler).

8163. Hop, hop (Ziégler).

8164. Le Palais-Royal (Moreau).

8165. Le Feu follet (Sellenick).

8166. Les Sauterelles (Goueytes).

DUOS
de Cornets à piston

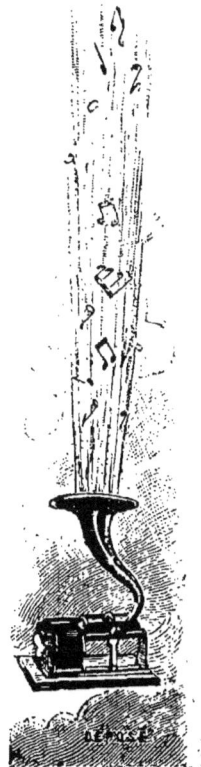

SOLOS DE TROMBONE

N°ˢ

8250. Barbier de Séville (Rossini).

8251. Cloches de Corneville (Planquette).

8252. Faust (Gounod).

8253. Guillaume Tell (Rossini).

8254. Les Huguenots (Meyerbeer).

8255. Marche du Prophète (Meyerbeer).

8256. Marche funèbre de Chopin (Chopin).

8257. Romance irlandaise.

8258. Rigoletto (Verdi).

8259. Reine de Chypre (Halévy).

8260. La Traviata (Verdi).

SOLOS DE CLARINETTE

AIRS VARIÉS

8300. Danse du ventre.

8301. Gentil babil.

8302. Mousquetaires au couvent.

8303. Miss Helyett (Audran).

8304. Premiers rayons.

8305. Polka des cricris.

8306. Picolo.

8307. La Femme de Narcisse.

8308. Souvenir de Saint-Privat.

Solos de Clarinette

(SUITE)

N°⁵

8309. Rigoletto (accompagnement d'orchestre) (Verdi).
8310. Souvenir de ma Suzon.
8311. Berceuse de Jocelyn (Godard).
8312. Caprice polka (Pirouelle).
8313. Emma (Pirouelle).
8314. Au bord de la mer (Pirouelle).
8315. Guillaume Tell (Rossini).
8316. Le Lac (Favre).
8317. La Favorite (Donizetti).
8318. La Muette de Portici (Auber).
8319. Mignon (A. Thomas).
8320. La Petite Mariée (Lecocq).
8321. Le Trouvère (Verdi).
8322. Mireille (Gounod).
8333. Massilia (Makoski).
8324. L'Oasis (Favre).
8325. Les Murmures de la Forêt (Weber).
8326. L'Hirondelle fugitive (Weber).
8327. Le Pré-aux-Clercs (Hérold).
8828. La Traviata (Verdi).
8329. Plainte du Ruisseau (Weber).
8330. Rigoletto (Verdi).
8331. Rêverie du soir (Weber).

SOLOS DE FLUTE

Avec accompagnement de piano

AIRS VARIÉS

N⁰⁵

8450. Bruxelles (Romain).

8451. Chardonneret (Géraud).

8452. Concert dans le feuillage.

8453. Le Colibri (Sellenick).

8454. La Route d'Alsace.

8455. Polka des Cricris (Maquet).

8456. Le Roitelet (Sallis).

8457. Gentil Babil (Suzanne).

8458. Philomèle (Peilat).

8459. Guillaumette (Farigoul).

8460. Ronde polka (Baillon).

8461. La Flourence (Mayeno).

8462. Le Merle blanc (Damacé).

8463. La Tourterelle (Damacé).

8464. Picolo polka (Damacé).

8465. L'Hirondelle (Duverges).

8466. Miss Alouette (Pillevestre).

8467. Mimi Pinson (Pillevestre).

8468. Rondo (Dayon).

8469. Saltarelli (Dayon).

8470. Tanit (Coquelin).

8471. La Petite Fauvette (Damacé).

8472. Rossignol (Rou).

8473. Valse du rossignol (Julien).

8474. L'Alouette.

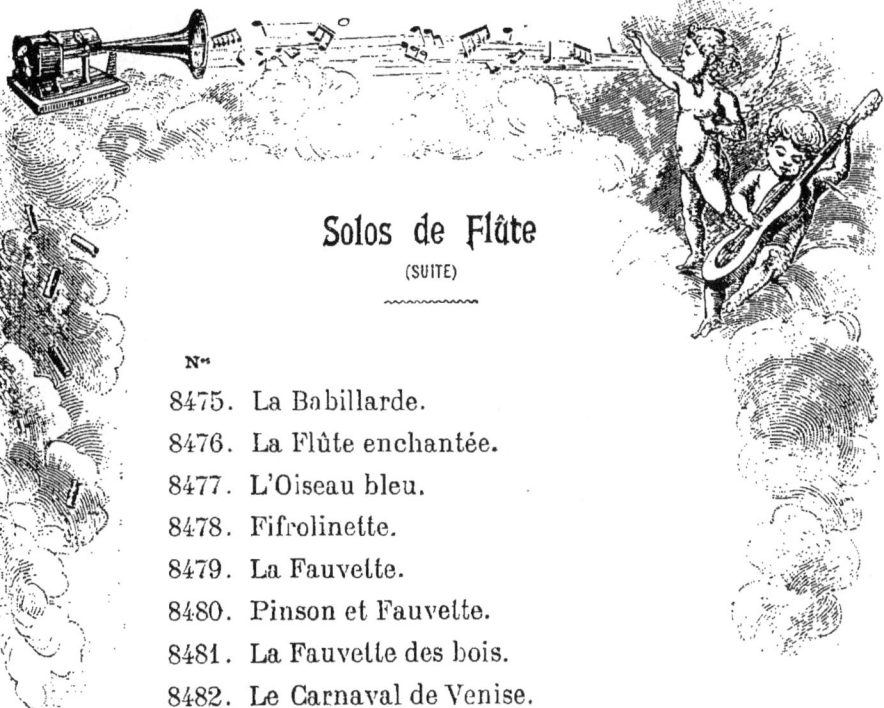

Solos de Flûte

(SUITE)

N⁰ˢ

8475. La Babillarde.

8476. La Flûte enchantée.

8477. L'Oiseau bleu.

8478. Fifrolinette.

8479. La Fauvette.

8480. Pinson et Fauvette.

8481. La Fauvette des bois.

8482. Le Carnaval de Venise.

8483. Faust (Valse).

8484. Guillaume Tell (Valse).

8485. Espana (Valse).

8486. La Traviata.

8487. Mignon.

SOLOS DE VIOLON

avec accompagnement de Piano

8550. Fantaisie hongroise.

8551. Sérénade de Schubert.

8552. Valse du Trouvère.

8553. Valse de la Traviata.

8554. Valse de Faust.

8555. Valse de Loin du bal.

8556. Gavotte de Mignon.

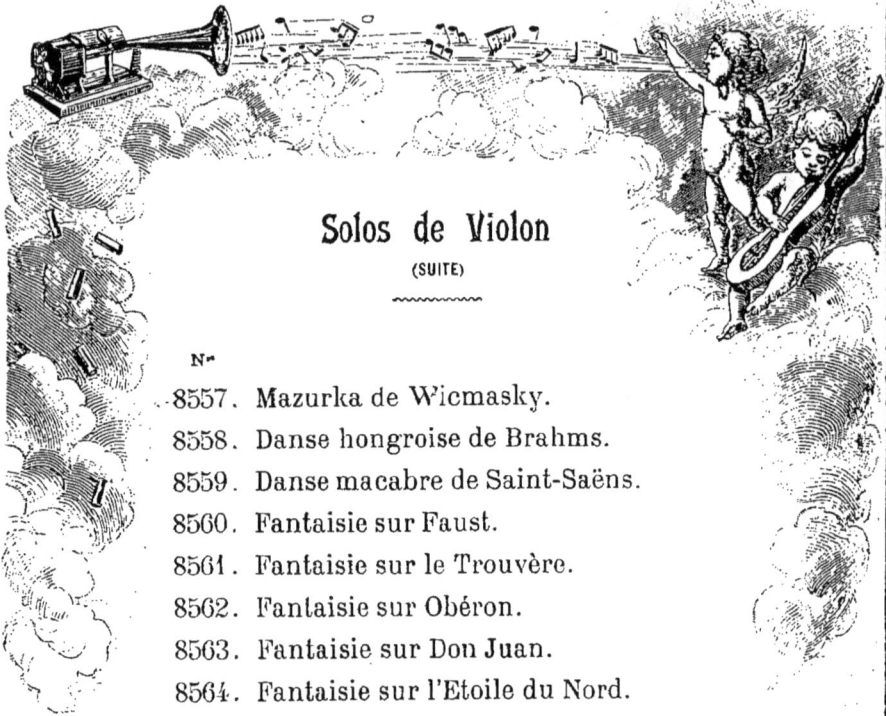

Solos de Violon

Nᵒˢ
- 8557. Mazurka de Wicmasky.
- 8558. Danse hongroise de Brahms.
- 8559. Danse macabre de Saint-Saëns.
- 8560. Fantaisie sur Faust.
- 8561. Fantaisie sur le Trouvère.
- 8562. Fantaisie sur Obéron.
- 8563. Fantaisie sur Don Juan.
- 8564. Fantaisie sur l'Etoile du Nord.
- 8565. Fantaisie sur les Noces de Jeannette.
- 8566. Fantaisie sur la Muette de Portici.
- 8567. Fantaisie sur Guillaume Tell.
- 8568. Fantaisie sur le Barbier de Séville.
- 8569. Fantaisie sur Rigoletto.
- 8570. Fantaisie sur la Traviata.
- 8571. Fantaisie sur Martha.
- 8572. Fantaisie sur Lucie de Lamermoor.
- 8573. Fantaisie sur la Favorite.
- 8574. Le Pré aux Clercs.
- 8575. Ave Maria de Gounod.
- 8576. Scène de ballet de Bériot.
- 8577. Menuet de Quintette de Boccherini.

MUSIQUE
pour Mandolines

N°°

8650. Mazentini Marche.
8651. Retraite espagnole.
8652. Marche de Cadix.
8653. La Gran via.
8654. Marche de Frascuello.
8655. La Giralda.
8656. Marche de la belle Otero.
8657. Pizzicati de Léo Delibes.

XYLOPHONE

Plusieurs airs.

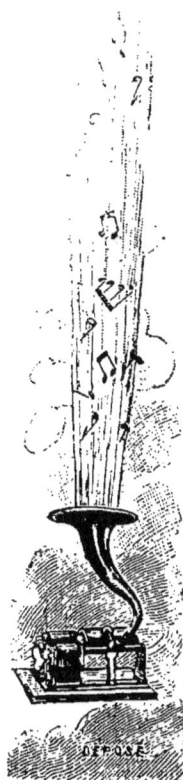

MUSIQUE

POUR TROMPES DE CHASSE

SOLOS

N°

8700. Le réveil. — La marche de la vénerie. — Arrivée au rendez-vous. — Le terrier du renard.

8701. Le débouché. — La vue. — Le vol de l'Est. — Les calèches des dames. — La 4ᵉ tête.

8702. Le loup. — la plaine. — Le changement de forêt. — La retraite prise.

8703. Le chevreuil. — Le bat-l'eau. — La boiteuse.

8704. La royale. — Les honneurs du pied. — Le retour de la chasse. — La rentrée des princes au château.

8705. Le dix-cors jeunement. — Les animaux en compagnie. — L'hallali sur pied. — L'hallali par terre.

8706. La Saint-Hubert. — La retraite de grâce. — Les adieux de Paimpout.

8707. La rentrée au chenil. — La coudée. — Les adieux des maîtres. — Le bonsoir des chasseurs.

8708. La biche au bois. — La d'Aubigny.

Trompes de chasse

(SUITE)

DUOS

N°*

8720. L'appel fanfare des maîtres. — La de l'Aigle. — La Chantilly. — La loge de Raboué.

8721. La curée. — Le départ du rendez-vous. — Le lancé. — La biche.

8722. Le chevreuil de Bourgogne. — Le daguet. — Les plaisirs de la chasse. — L'arrivée au rendez-vous.

8723. Les joyeux veneurs. — La Dauvet. — La Louvart. — La 3e tête.

8724. Les pleurs du cerf. — La Dampierre. — La 2e tête. — La Duquesnay.

8725. La Cambise — La Tivoli. — Souvenirs de Mme la marquise de Champigny. — La Saint-Georges.

8726. Le bec de lièvre. — Le renard. — La Cabourg. — Adieux des piqueurs.

8727. Le daim — La Champ-Raimbeaux. Rallye Persac. — La d'Elva.

TRIOS

8750. Rallye Bonnelles. — Rallye Vendée. Rallye Beaurecueil.

8751. La Delanos. — La Vernon. — La de la Porte.

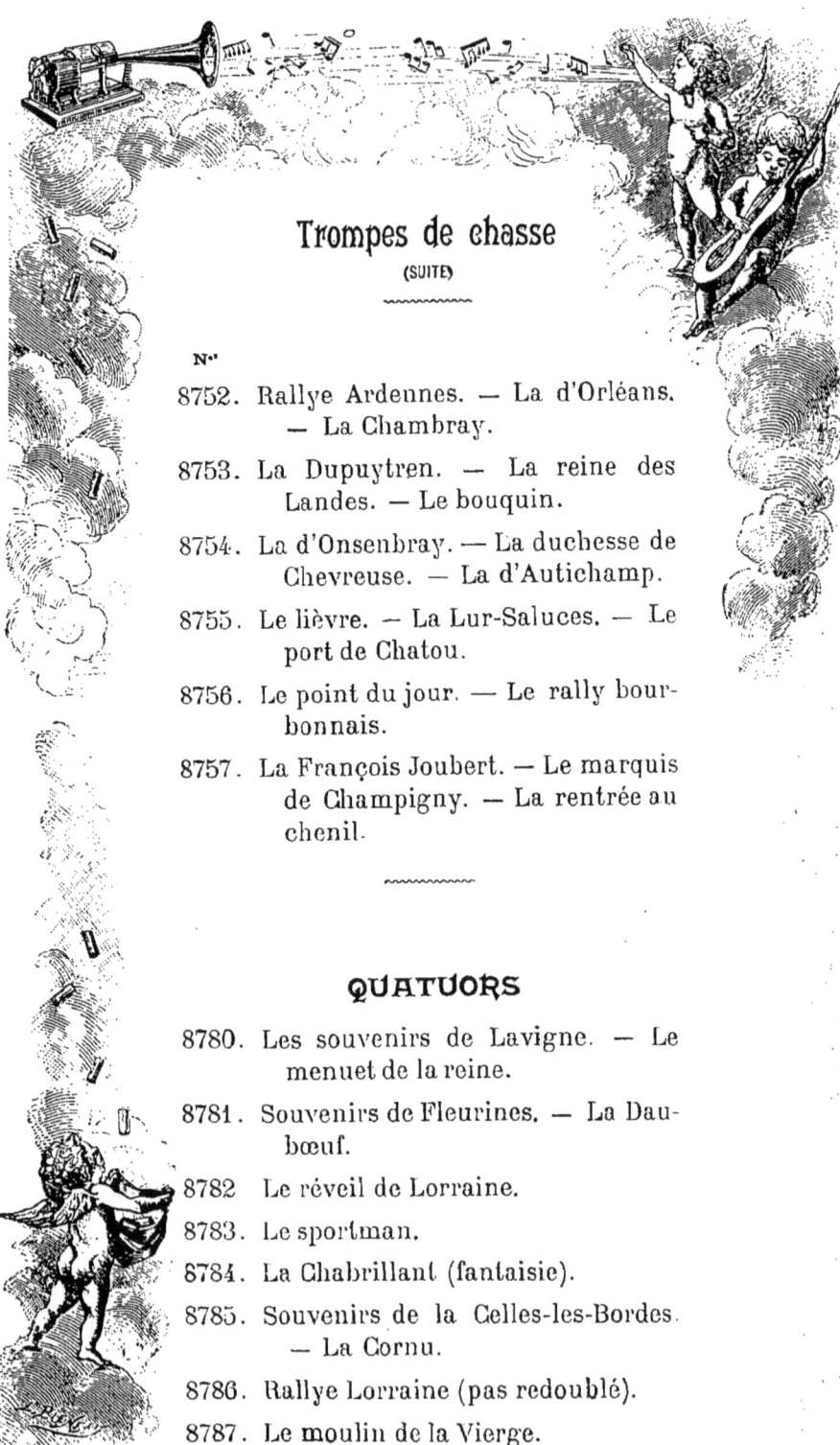

Trompes de chasse
(SUITE)

Nᵒˢ

8752. Rallye Ardennes. — La d'Orléans. — La Chambray.

8753. La Dupuytren. — La reine des Landes. — Le bouquin.

8754. La d'Onsenbray. — La duchesse de Chevreuse. — La d'Autichamp.

8755. Le lièvre. — La Lur-Saluces. — Le port de Chatou.

8756. Le point du jour. — Le rally bourbonnais.

8757. La François Joubert. — Le marquis de Champigny. — La rentrée au chenil.

QUATUORS

8780. Les souvenirs de Lavigne. — Le menuet de la reine.

8781. Souvenirs de Fleurines. — La Daubœuf.

8782. Le réveil de Lorraine.

8783. Le sportman.

8784. La Chabrillant (fantaisie).

8785. Souvenirs de la Celles-les-Bordes. — La Cornu.

8786. Rallye Lorraine (pas redoublé).

8787. Le moulin de la Vierge.

SONNERIES
DE CAVALERIE

POUR TROMPETTES

FANFARES DE TROMPETTES

8800. Le réveil. — A l'étendard. — Michel Strogoff.

8801. Marche des Radjahs. — Skobeleff. — La Retraite.

SONNERIES D'ORDONNANCES
pour trompettes

8802. Le réveil. — L'appel. — Le pansage. — Le boute selle. — A cheval. — Ouverture du ban. — Fermeture du ban.

8803. La soupe. — Garde à vous. — Pied à terre. — Sabre en main. — Remettez le sabre. — Au pas. — Au trot. — Au galop.

8804. La charge. — L'exécution. — En avant. — Halte. — Demi-tour. — En retraite.

8805. A droite. — A gauche. — Le ralliement. — La charge aux fourrageurs. — Le demi-appel.

8806. A l'ordre. — Aux officiers. — Aux fourriers. — Aux trompettes. — Aux maréchaux des logis chefs. — A l'étendard.

8807. La retraite. — L'extinction des feux. — Le rassemblement de la garde. — Visite des malades.

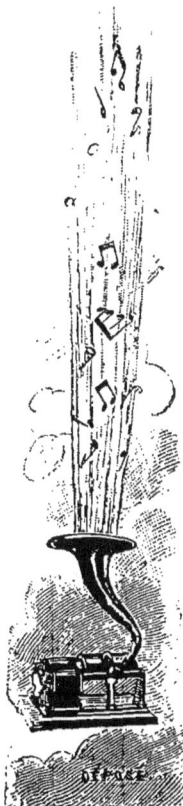

Sonneries de cavalerie

(SUITE)

MARCHES
pour trompettes de cavalerie

8850. Marches n° 1, 2 et 3.
8851. Marches n° 4, 5 et 6.

SONNERIES D'INFANTERIE
POUR CLAIRONS

SONNERIES D'ORDONNANCE

8860. Le réveil. — Corvée de quartier. — Visite des malades. — Appel des tambours et clairons. — A l'exercice. — Appel de la garde. — Défilé de la garde.

8861. L'appel. — Au rapport. — Distribution des vivres. — Aux hommes punis. — La soupe. — L'extinction des feux.

8862. Garde à vous. — Baïonnette au canon. — Commencez le feu. — La charge. — Halte. — Cessez le feu. — Rassemblement.

8863. Au drapeau. — En avant. — En tirailleurs. — La générale. — A l'ordre. — Pas de charge. — Pas gymnastique. — Ralliement.

MARCHES
pour tambours et clairons

8900. N°s 1, 2, 3, 4.
8901. N°s 5, 6, 7, 8.
8902. N°s 9, 10, 11, 12.

NOTES
et morceaux nouveaux
parus depuis la publication
DU PRÉSENT CATALOGUE

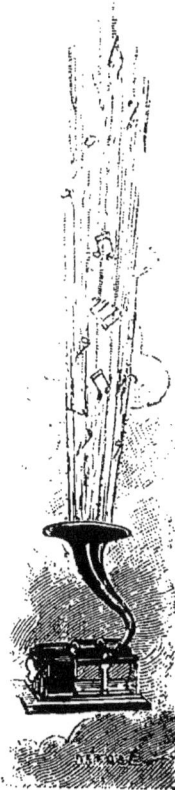

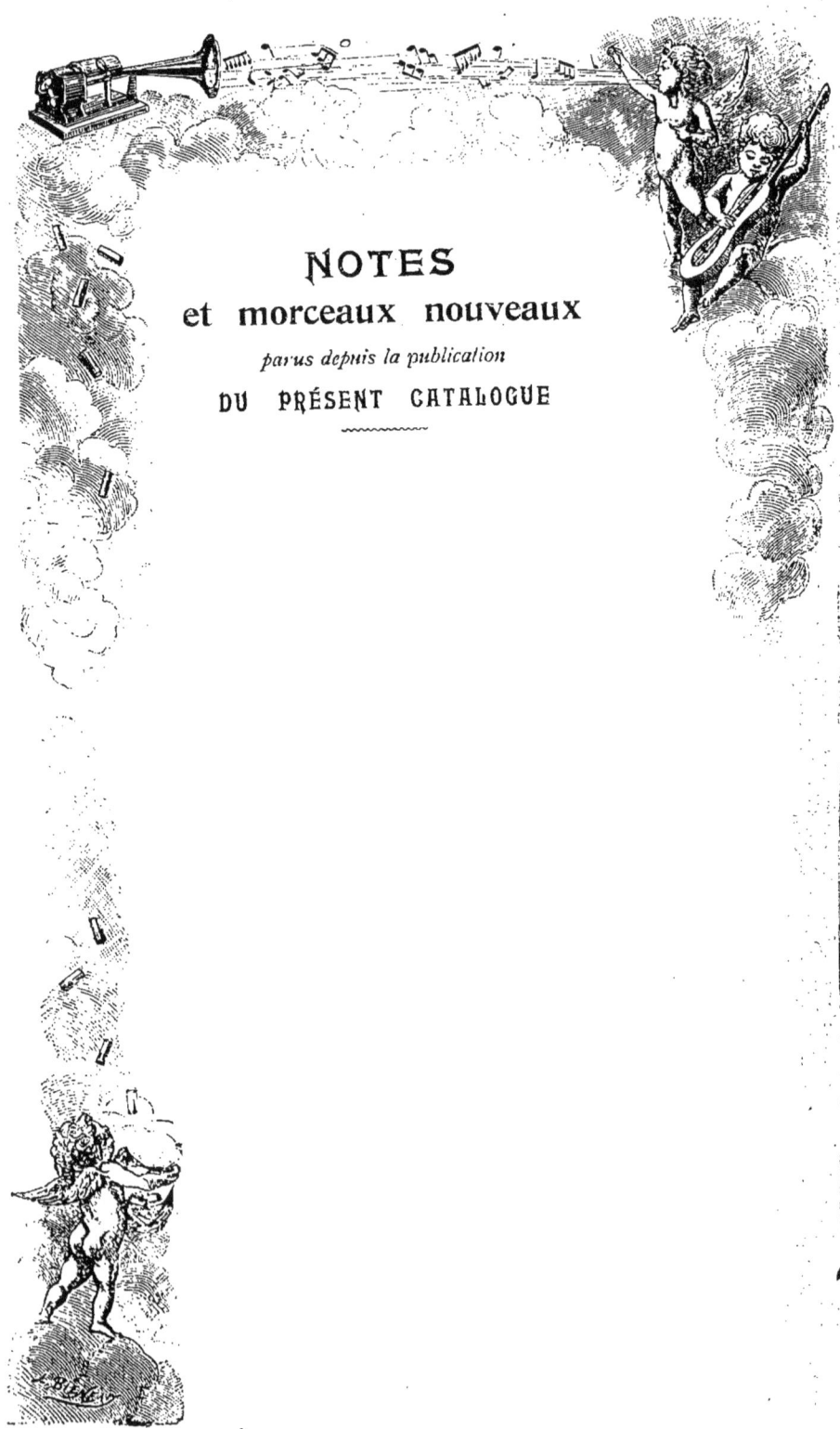

NOTES
et morceaux nouveaux
parus depuis la publication
DU PRÉSENT CATALOGUE

www.ingramcontent.com/pod-product-compliance
Lightning Source LLC
Chambersburg PA
CBHW071914200326
41519CB00016B/4608